La crisis de los polinizadores

Anna Traveset

CSIC

CATARATA

Colección ¿Qué sabemos de?

CATÁLOGO DE PUBLICACIONES DE LA ADMINISTRACIÓN GENERAL DEL ESTADO:
https://cpage.mpr.gob.es

Imagen de cubierta: Anna Traveset

© Anna Traveset, 2025
© CSIC, 2025
  http://editorial.csic.es
  editorialcsic@csic.es
© Los Libros de la Catarata, 2025
  Fuencarral, 70
  28004 Madrid
  Tel. 91 532 20 77
  www.catarata.org

ISBN (CSIC): 978-84-00-11393-3
ISBN ELECTRÓNICO (CSIC): 978-84-00-11394-0
ISBN (CATARATA): 978-84-1067-274-1
ISBN ELECTRÓNICO (CATARATA): 978-84-1067-275-8
NIPO: 155-25-036-8
NIPO ELECTRÓNICO: 155-25-037-3
DEPÓSITO LEGAL: M-7107-2025
THEMA: PDZ/PSV/RNCB

A Rol, Ricard y Mar

Índice

Introducción

"Los polinizadores no son solo los aliados de los agricultores; son los guardianes invisibles de nuestra biodiversidad".

DAVID ATTENBOROUGH

En el marco de la crisis de biodiversidad que está experimentando el planeta, la de los polinizadores se plantea como un grave problema contra el que hay que luchar desde diversos frentes. La motivación principal para escribir este libro es concienciar al público general sobre la creciente pérdida de estas especies y las consecuencias que ello puede conllevar, así como mostrar posibles soluciones para mitigarla e incluso revertirla. Estamos ante una extinción lenta, silenciosa y poco vistosa, ya que la mayoría de especies de polinizadores pasan desapercibidas, especialmente debido a su pequeño tamaño (comparado, por ejemplo, con el de un lince o un elefante). Eso es así a pesar de ser unos animales tremendamente importantes para el mantenimiento de la biodiversidad y para nuestro propio bienestar.

Por sorprendente que parezca, el valor de la polinización animal no pasa únicamente inadvertido por la sociedad en general, sino por una buena parte de los agricultores. Muchos aún desconocen la importancia de conservar no solo los insectos domesticados que emplean en sus cultivos, sino también las especies silvestres. Incluso algunos agricultores (aunque, afortunadamente, ya cada vez menos) han llegado a considerar a cualquier insecto sobre las plantas como plagas, aplicando pesticidas sobre ellos sin conocer el papel beneficioso de los polinizadores. Es crucial ofrecerles la mejor evidencia científica para que puedan tomar decisiones informadas y gestionar sus cultivos de la forma más efectiva, obteniendo mayores beneficios a la vez que protegen y contribuyen a la conservación de los polinizadores. Esto es muy relevante, teniendo en cuenta que la agricultura es la principal responsable —especialmente por el uso de pesticidas— de reducir la abundancia y diversidad de polinizadores, y debería preocupar a los Gobiernos, empresarios y a la sociedad en su conjunto. Las pérdidas regionales de polinizadores pueden llegar a tener implicaciones para la seguridad alimentaria global y la salud humana, precisamente en un momento en el que se nos está urgiendo a comprar productos locales para reducir la huella de carbono.

Esta obra pretende contribuir al aumento y transmisión del conocimiento para mostrar que la conservación de la diversidad de los polinizadores es esencial para asegurar el funcionamiento y la "buena salud" de los ecosistemas del planeta. La supervivencia de estos organismos, los cuales nos proporcionan beneficios clave y fortalecen nuestras perspectivas de futuro, depende de nuestras actuaciones y de las decisiones que tomemos en los próximos años y décadas. Es, por tanto, urgente difundir la información existente para abordar la crisis de la polinización de manera efectiva.

Nuestra responsabilidad como individuos y como sociedad en la construcción de un futuro sostenible no es solo una cuestión ética, sino una necesidad urgente con múltiples ramificaciones. Tomar medidas para promover esa sostenibilidad, que contribuirá a frenar el declive de los polinizadores, significa adoptar prácticas y políticas que preserven y restauren los hábitats y los recursos naturales, minimicen los impactos negativos sobre el medioambiente y fomenten prácticas agrícolas y de desarrollo urbano que sean compatibles con su conservación. La agricultura sostenible no solo asegura la disponibilidad de alimentos, sino que también protege a los polinizadores, al suelo, reduce la dependencia de productos químicos nocivos y apoya a las comunidades rurales. Invertir en sistemas agrícolas sostenibles, además, ayuda a mitigar los efectos del cambio climático, que representa una amenaza creciente para la producción de alimentos a nivel global. Adicionalmente, al priorizar la sostenibilidad, estamos creando entornos más saludables que contribuirán a prevenir enfermedades y mejorar la calidad de vida en todo el mundo, tanto para las generaciones actuales como para las venideras.

Aparte de ofrecer una breve introducción sobre el proceso de la polinización y la relevancia de los polinizadores, estas páginas abordan las causas y las consecuencias de su declive, los métodos para estudiarlos y las estrategias para promover su conservación desde diversos enfoques. También analiza cómo esta crisis es percibida por la política y distintos sectores de la sociedad, proponiendo maneras de fomentar una mayor conciencia y acción en torno a este desafío global.

CAPÍTULO 1

¿En qué consiste la polinización y quiénes son los principales polinizadores?

Salvo unas pocas excepciones, la gran mayoría de plantas que producen flores (las conocidas como angiospermas) poseen órganos reproductivos masculinos y femeninos dentro de la misma flor, es decir, son hermafroditas. Los masculinos (anteras) producen granos de polen, equivalentes a los espermatozoides en los animales. Una vez sobre el estigma (parte del pistilo en la que se deposita el polen), dichos granos germinan bajando por el estilo de la flor hasta el ovario, lugar donde las células sexuales (gametos) masculinas fertilizarán las femeninas contenidas dentro de los óvulos, resultando en la producción de semillas. Es el proceso que se conoce como polinización. En los casos en que este proceso se da dentro de la misma flor, o entre flores dentro del mismo individuo, hablamos de autofecundación o autopolinización, fenómeno que asegura la reproducción pero que a largo plazo puede generar problemas de endogamia y de falta de diversidad genética. Es seguramente por esta razón por la que la mayoría de angiospermas han desarrollado una amplia variedad de estrategias para promover el cruzamiento entre individuos y reducir o evitar dicha endogamia.

Existen al menos tres grandes tipos de estrategias mediante las cuales el polen es transportado entre individuos de la misma especie: 1) moverse a través del viento, lo que hacen las plantas llamadas anemófilas; 2) usar el agua, especialmente las corrientes marinas, como las plantas hidrófilas, y 3) emplear los animales como "transportistas", mecanismo que emplean las plantas zoófilas. Esta última es la estrategia más común en las angiospermas y la encontramos en todos los biomas del planeta. Los principales transportistas de polen son los insectos, aunque también realizan este trabajo muchas especies de vertebrados, especialmente aves, un buen número de reptiles (lagartijas, gecos y eslizones) y otro tanto de mamíferos (murciélagos en su mayoría, aunque también algunas especies no voladoras), como veremos más adelante.

Debido a la necesidad de atraer a los animales polinizadores para que transporten el polen entre los individuos de la misma especie, las plantas han tenido que desarrollar una gran diversidad de mecanismos. Entre estos encontramos toda la diversidad de colores, formas, fragancias, recompensas (néctar, polen, resinas), además de distintos tipos de disposición y accesibilidad de las flores. Es precisamente esta evolución de caracteres lo que ha resultado en la impresionante diversificación de las angiospermas en la Tierra. Al tratarse de una relación recíprocamente beneficiosa —lo que llamamos una relación planta-animal mutualista—, los polinizadores han ido también, por su lado, adquiriendo muchos caracteres a lo largo de millones de años de evolución para aprovechar de forma eficiente los recursos florales de las plantas.

Diversidad de polinizadores en el planeta: ¡más allá de la abeja de la miel!

Aún persiste un amplio desconocimiento sobre la diversidad de polinizadores y su papel esencial en el mantenimiento de la biodiversidad del planeta. Se estima que aproximadamente 350 000 especies de vertebrados e invertebrados actúan como polinizadores (Ollerton, 2017). Sin embargo, es importante tener en cuenta que una gran proporción de especies, especialmente insectos —según algunos estudios, más del 90%—, aún no ha sido descrita. Por lo tanto, la verdadera riqueza de especies polinizadoras es probablemente mucho mayor de lo que se ha documentado hasta ahora. Además, existen importantes lagunas de conocimiento sobre la distribución, biología y comportamiento de la mayoría de los polinizadores. Lo más preocupante es que desconocemos su estado de conservación, lo que aumenta la probabilidad de que muchas desaparezcan antes de ser estudiadas o incluso descritas. Lo que sí se sabe es alarmante: actualmente, al menos un tercio de todas las especies de insectos conocidas están en peligro de extinción. Entre los grupos más afectados están los lepidópteros (mariposas y polillas), himenópteros (abejas, avispas y hormigas) y coleópteros (escarabajos) (Sánchez-Bayo y Wyckhuys, 2019).

Los polinizadores invertebrados

En la actualidad, existen al menos 193 familias de insectos, pertenecientes a 10 órdenes, que se consideran polinizadores: Coleoptera, Diptera, Lepidoptera, Hymenoptera, Hemiptera, Orthoptera, Neuroptera, Thysanoptera, Dermaptera y Blattodea. El grupo más diverso es, con diferencia, el de los lepidópteros, habiéndose estimado cerca de 142 000 especies de visitantes florales, siendo las polillas unas diez veces más diversas que las mariposas. Hay que tener en cuenta, sin embargo, que las polillas son de los grupos menos estudiados en cuanto a su comportamiento y efectividad como polinizadores. Las mariposas diurnas, por otro lado, se han considerado durante mucho tiempo polinizadores poco efectivos, sobre todo por transportar menos polen que las abejas (especialmente las grandes y con densa pilosidad) y por visitar las flores con una frecuencia menor que estas. No obstante, un número creciente de estudios ha revelado que las mariposas pueden ser tan eficaces como las abejas en la polinización de numerosas especies de plantas. Además, destacan por su capacidad para transportar polen entre flores a mayores distancias que otros polinizadores, lo que contribuye a reducir la probabilidad de endogamia dentro de una misma población. Los escarabajos siguen a las mariposas en cuanto a riqueza de especies como potenciales polinizadores, con más de 77 000 especies descritas como visitantes florales. Algunos grupos de plantas están especialmente adaptados a la polinización por escarabajos, una relación que se ha observado, por ejemplo, en hábitats de Sudáfrica donde la disponibilidad de abejas es relativamente baja. La evidencia actual sugiere que estos insectos pueden desempeñar un papel crucial en la polinización de una amplia diversidad de plantas, en gran parte gracias a sus altas abundancias en estos ecosistemas.

El grupo de polinizadores por excelencia es el de las abejas, ya que tanto los adultos como las larvas tienen una alta dependencia de los recursos florales. Se han descrito unas 20 400 especies del total de aproximadamente 155 000 especies de himenópteros (orden que comprende, además de las abejas, las avispas, hormigas y moscas de sierra). Las abejas evolucionaron en el Cretácico, hace cerca de 100 millones de años, a partir de avispas depredadoras, y hoy muestran una enorme variedad de tamaños (de c. 4 mm a c. 4 cm), formas, colores y comportamientos sociales. Solo en la península ibérica existen más de 1100 especies, un número mayor que de vertebrados, unos 700, y siguen apareciendo nuevas especies periódicamente; la región mediterránea, de hecho, constituye un punto caliente de diversidad de abejas, especialmente la parte oriental. A pesar de esta enorme diversidad, las especies que resultan más conocidas entre los no especialistas son la abeja de la miel y el abejorro. Ambas (analizadas en el capítulo 3) son abejas sociales domesticadas por los seres humanos, gestionadas de manera similar a una explotación ganadera, con el objetivo de obtener productos melíferos o garantizar la polinización de cultivos específicos.

Las abejas solitarias constituyen más del 90% de todas las abejas. Los géneros más conocidos dentro de este grupo son *Osmia, Andrena, Megachile* y *Anthophora*. Las hembras de estas especies depositan el polen para alimentar a sus larvas en nidos que ellas mismas construyen en cavidades en el suelo, en piedras, madera, conchas de caracoles, etc. Algunas especies no son estrictamente solitarias, sino que producen colonias con distintos niveles de estructura social, aunque sin una reina o un sistema de castas. El comportamiento social en las abejas, de hecho, ha aparecido y desaparecido numerosas veces a lo largo de su historia evolutiva, igual que en otros grupos dentro del orden de los himenópteros.

Las abejas cuco forman otro grupo que, como su nombre indica, son parásitas de nidos, tanto de abejas sociales como solitarias, aunque, curiosamente, nunca de las abejas de la miel. Este grupo lo forman unas 70 especies clasificadas en 7 géneros, de los cuales los más conocidos son *Melecta*, *Nomada* y *Sphecodes*.

Las avispas no tienen la alta dependencia de las flores que tienen las abejas. La mayoría de especies son carnívoras o parásitas, alimentándose de néctar únicamente en casos particulares de requerimiento de energía. Aunque son mayoritariamente solitarias, encontramos también algunas sociales. Las familias más ampliamente conocidas son Vespidae (a un subgrupo de esta familia se le llama precisamente avispaspolen, ya que alimentan a sus larvas con néctar y polen; pueden verse comúnmente visitando las flores de la hiedra, por ejemplo), Ichneumonidae, Sphecidae y Pompilidae. Los icneumónidos son unas avispas parásitas muy particulares que depositan sus huevos sobre o dentro de otros insectos a los que emplean como huéspedes para desarrollarse; se trata de un amplio grupo de unas 25 000 especies descritas hasta el momento (aunque se estima que existen entre 60 000 y 100 000), muchas de las cuales son importantes visitantes florales, aunque su efectividad como polinizadores está muy poco estudiada. Los esfécidos (avispas excavadoras) se alimentan también de néctar y otros líquidos azucarados, y construyen nidos en el suelo (algunos excavan túneles largos con múltiples cámaras), madera o cavidades preexistentes. Los pompílidos, llamados también avispas cazadoras de arañas, actúan como polinizadores especializados de orquídeas y de otras familias de plantas.

Finalmente, dentro del enorme grupo de los himenópteros que visitan flores encontramos las hormigas (todas incluidas dentro de la familia Formicidae) y las moscas sierra (aunque no son realmente moscas). Las primeras son frecuentes visitantes florales en muchas zonas del mundo, pero su efectividad como polinizadores se ha confirmado solo en unos pocos estudios. Las segundas, pertenecientes al suborden Symphyta, deben su nombre al aspecto de su ovipositor, que es el órgano que se asemeja a una hoja de sierra, mediante el cual depositan los huevos en los tejidos de las plantas. Los adultos suelen alimentarse de néctar o, en algunos casos, no se alimentan en absoluto durante esta etapa.

Los dípteros constituyen otro orden de polinizadores importantes, incluyendo una enorme variedad de moscas pertenecientes a cerca de 200 familias; un tercio de ellas visita flores de forma regular. La familia más relevante es la de los sírfidos (Syrphidae), los cuales imitan a las abejas y avispas en su coloración y pilosidad, probablemente para escapar de los depredadores. Otra familia de moscas que imitan a las abejas y actúan como eficientes polinizadores son los bombílidos (Bombyliidae). Estas destacan por su lengua larga, adaptada para acceder a flores con estructuras tubulares, cuya forma les permite alcanzar fácilmente el néctar. Se ha observado que una proporción significativa de moscas visita flores debido a que estas imitan recursos como alimentos o lugares donde puedan depositar sus huevos. Para las moscas depredadoras, las flores suelen actuar como señuelo donde encontrarán sus presas. En regiones frías, como el Ártico, zonas subantárticas o las altas montañas, las moscas desempeñan un papel importante como polinizadoras. En estos entornos, las flores suelen tener forma de cuenco, lo que les ayuda a captar y retener el calor, elevando así su temperatura y favoreciendo su actividad.

Dentro de los invertebrados, existen otros grupos que ocasionalmente pueden actuar como polinizadores. Así, encontramos, por ejemplo, los ortópteros (grillos, saltamontes), los hemípteros (chinches), los tisanópteros (trips) o los dermápteros (tijeretas). Algunas de estas especies pueden, a su vez, actuar como herbívoros e incluso reducir la producción de semillas. Por otro lado, las cucarachas (orden Blattodea) han sido reconocidas como polinizadoras de numerosas plantas. Los moluscos (babosas y caracoles) pueden encontrarse eventualmente sobre flores, aunque todavía no hay ningún estudio que haya documentado que son polinizadores efectivos. Las arañas (Araneae) son casi exclusivamente carnívoras, aunque algunas pueden alimentarse del polen que queda atrapado en sus redes y del néctar extrafloral que se produce en troncos y hojas. Las arañas halladas sobre flores actúan normalmente como depredadoras de los polinizadores; algunas de ellas incluso pueden mimetizarse con la flor para atrapar a sus presas. Ocasionalmente, pueden autopolinizar la flor, aunque raramente pueden mover polen de una flor a otra y, por tanto, su capacidad como polinizadores es extremadamente limitada.

Los polinizadores vertebrados

Aunque la gran mayoría de los polinizadores son invertebrados y por ello han recibido mayor atención, también existe un grupo de vertebrados que desempeña un papel clave en la polinización de numerosas especies vegetales. Estos incluyen aves, mamíferos y reptiles, cuya contribución es igualmente fundamental para la reproducción de muchas plantas. Las aves, en particular, son el grupo más importante y, entre ellas, los colibríes (familia parte del pistilo que conecta estigma y ovario), exclusivos del continente americano, son los más diversos. Les siguen los colibríes o aves del sol (familia Nectariniidae), presentes principalmente en África, y los comedores de miel (familia Meliphagidae), que habitan en Asia y Australasia.

Aunque consuman sobre todo néctar de las flores, todas estas aves pueden incluir también insectos en su dieta, ya que el néctar es rico en azúcares pero deficiente en otros nutrientes. Aparte de estas familias especializadas, hay otras aves que se consideran generalistas en cuanto a su dieta y que incluyen polen y néctar, y, al hacerlo, pueden actuar como potenciales polinizadores. Esto se ha visto, por ejemplo, en mosquiteros (género *Phylloscopus*), currucas (géneros *Curruca* y *Sylvia*), páridos (género *Parus*) o en los mismos cucuves (*Mimus*) y pinzones de Galápagos (géneros *Geospiza* y *Camarrhynchus*).

En cuanto a los mamíferos polinizadores, el grupo más importante y diverso lo constituyen los murciélagos, de los cuales se han descrito más de 200 especies como polinizadores de más de 500 especies de plantas pertenecientes a cerca de 70 familias. Todas ellas están confinadas a los trópicos y subtrópicos y se enmarcan en dos grandes familias: una en el continente americano (familia Phyllostomidae) y otra en África, Eurasia y Oceanía (familia Pteropodidae). Los murciélagos de esta segunda familia son los llamados zorros voladores. Además, existen otras dos especies en otra familia (Mystacinidae, exclusiva de Nueva Zelanda), conocidos como murciélagos de cola corta, que polinizan también diversas especies de plantas endémicas. Algunas especies muestran unas adaptaciones específicas para llegar al néctar de las flores, como por ejemplo poseer una lengua más larga que el propio cuerpo. De todas formas, no se conoce ninguna especie que se alimente exclusivamente de flores.

Además de los murciélagos, existen mamíferos pertenecientes a otros grupos taxonómicos como son los roedores, diversas especies de primates, ginetas, martas, lémures, marsupiales, musarañas o zarigüeyas, que se alimentan de flores y son polinizadores potenciales. Recientemente, se ha documentado incluso una especie de lobo (*Canis simensis*) como potencial polinizador de una especie de planta (*Kniphofia foliosa*) en Etiopía. Algunos de esos mamíferos son nocturnos y, por tanto, visitan flores que están abiertas de noche.

Dentro de los primates, *Homo sapiens* puede considerarse también como un agente polinizador, concretamente de especies cultivadas. Existen imágenes del Antiguo Egipto que muestran que ya alrededor del año 2300 a. C., los humanos polinizaban palmeras datileras moviendo inflorescencias macho sobre las inflorescencias hembra para facilitar el transporte del polen, promoviendo así la fecundación. Igualmente, los humanos promueven la polinización de diversas especies de orquídeas, como la vainilla, especialmente en zonas del mundo donde los polinizadores nativos de esas especies están ausentes.

Finalmente, pero no menos importantes, están los reptiles (o saurópsidos) polinizadores, concretamente las lagartijas, escíncidos y gecos (salamanquesas). Una revisión global reciente (Justicia-Correcher *et al.*, 2023) ha recopilado aproximadamente 450 interacciones distintas descritas entre flores y estos reptiles, la mayoría (c. 80%) en sistemas insulares, lo que se atribuye a la escasez de artrópodos en estos ambientes. La información disponible hasta la fecha implica unas 175 especies de reptiles de 20 familias y más de 300 especies de plantas de más de 100 familias. Dichas interacciones probablemente se seguirán documentando a medida que se hagan más estudios en ambientes aislados, no solo en islas, sino también en zonas continentales. Por otro lado, es necesaria más investigación que confirme si la polinización por estos animales es efectiva; hasta el momento, dicha efectividad se ha testado solo en un 20% de las interacciones planta-reptil documentadas.

CAPÍTULO 2

¿Por qué son importantes los polinizadores?

Importancia ecológica de los polinizadores

Cerca de un 90% de las plantas que producen flores (angiospermas) son polinizadas por animales, dependiendo de estos total o parcialmente para la producción de semillas (Tong *et al.*, 2023). Obviamente, sin estas semillas, el ciclo biológico de estas plantas se vería interrumpido y, por tanto, no podría haber regeneración de la mayoría de comunidades vegetales —praderas, matorrales o bosques—. Los polinizadores representan, pues, piezas clave para el mantenimiento de la biodiversidad en los ecosistemas, actuando además como conectores ecológicos dentro de las redes tróficas, dado que las plantas que polinizan sirven a su vez de alimento o refugio para multitud de otras especies: microorganismos, detritívoros, herbívoros, frugívoros, parásitos y depredadores. A su vez, los polinizadores son el alimento para muchas otras especies; en el caso de los insectos, son el recurso alimenticio para depredadores vertebrados (aves, murciélagos, reptiles, etc.) e invertebrados (arañas, libélulas, etc.), así como para especies parásitas (por ejemplo, avispas icneumónidas).

La importancia ecológica de los polinizadores se remonta a más de 150 millones de años, habiendo tenido un gran impacto sobre la evolución de las plantas y sobre el funcionamiento del planeta. A nivel de ecosistema, sin embargo, se conoce todavía relativamente poco sobre la cantidad de energía que fluye a través de las visitas de los polinizadores a las flores. Existen muy pocos estudios sobre este tema, a pesar de que constituye un conocimiento esencial para entender el mantenimiento de la biodiversidad terrestre a largo plazo. Por el contrario, disponemos de una amplia cantidad de información, aunque sesgada tanto taxonómicamente como geográficamente, sobre el papel crucial que juegan los polinizadores en el éxito reproductivo de muchas plantas y en los patrones de interacción con ellas. En el capítulo 5, donde abordaremos las consecuencias de la pérdida de polinizadores, profundizaremos más en esta relevancia ecológica.

Importancia evolutiva de los polinizadores

El registro más antiguo de insectos polinizadores parece ser del Jurásico superior (~163 millones de años) (Peña-Kairath *et al.*, 2023), habiéndose identificado unas 15 familias de polinizadores fósiles. Aunque sigue siendo un tema bastante debatido, es mayoritariamente aceptado que uno de los factores que contribuyó a la evolución de la amplia diversidad de especies en flor que encontramos hoy en el planeta fue su alta dependencia de los polinizadores. Dicha dependencia tampoco es desdeñable entre las gimnospermas (coníferas, cícadas, etc.), un tercio de las cuales también son polinizadas por animales. La transición florística de las gimnospermas a las angiospermas, iniciada supuestamente en el Cretácico temprano, se ha denominado revolución terrestre de las angiospermas y supuso un reemplazo de los bosques dominados por gimnospermas. Se cree que las plantas con flores han interactuado con insectos polinizadores desde sus inicios y que estos fueron probablemente especies generalistas tales como escarabajos, polillas primitivas de lengua corta y mandibuladas, avispas apoides y moscas. Además, el registro fósil del Cretácico indica que algunas familias de escarabajos, tales como Oedemeridae y Kateretidae, visitaban tanto gimnospermas como angiospermas. Inicialmente, los insectos se alimentaban de las pequeñas gotas de resina o fluidos producidas en los conos femeninos de las gimnospermas; dichas gotas son cruciales para capturar y retener el polen transportado por el viento. Al evolucionar el néctar de las flores, las angiospermas probablemente proporcionaron un sistema más nutritivo y eficiente, lo que permitió a dichos insectos ir cambiando de "huéspedes" y transferir así polen entre congéneres.

Durante millones de años, estos transportadores de polen han ido ejerciendo presiones de selección sobre las flores, promoviendo la evolución de caracteres florales tales como forma, color, tamaño, aroma, cantidad y calidad de polen y néctar, incluso el tiempo de floración. A esta serie de caracteres se les denomina síndromes de polinización, los cuales varían dependiendo del grupo de polinizador[1].

Importancia económica de los polinizadores

A escala global, se estima que el 75% de los 115 cultivos más importantes para la alimentación humana dependen en mayor o menor grado de la polinización animal, y que esos cultivos representan el 35% de la producción global (Klein *et al.*, 2007). El valor económico estimado del servicio de polinización varía mucho entre países y años, pero los cálculos más precisos indican que los polinizadores representan entre un 5 y un 8% del total de la producción de cultivos, con un valor de mercado entre 235 000 y 577 000 millones de dólares americanos anuales (según la International Platform on Biodiversity and Ecosystem Services, IPBES, 2016). Concretamente en España, se estima que la polinización por

1. Para profundizar en las características de cada síndrome, véase Aguado, Fereres y Viñuela (2015).

insectos (entomófila) tiene un impacto económico de unos 2400 millones de euros anuales (Greenpeace, 2014). Productos agrícolas como melones, sandías, calabacines, cacao, café, almendras, melocotones, manzanas, aguacates o cerezas dependen entre un 40 y un 100% de los polinizadores (Klein *et al.*, 2007). Además, la polinización no solo incrementa la producción de frutos, sino que mejora la calidad nutricional, el tamaño, el peso, la firmeza, la coloración o el tiempo de maduración de alimentos como manzanas, arándanos, fresas o almendras (Garrat *et al.*, 2014). Hay que considerar también que mientras que los cereales o los cultivos de tubérculos proporcionan grandes cantidades de energía (en forma de carbohidratos) a la dieta humana, las frutas y semillas aportan altas proporciones de minerales esenciales y vitaminas, incluidas las A, C y E y distintos tipos de carotenoides (Eilers *et al.*, 2011). Esto es especialmente importante para países en vías de desarrollo, cuyas consecuencias de una hipotética pérdida de sus polinizadores serían devastadoras al causar una deficiencia en vitaminas para más de 200 millones de personas; además, más de 2500 millones de personas cuya dieta ya tiene menos de las requeridas para considerarse una dieta saludable sufrirían todavía una mayor escasez de las mismas (Smith *et al.*, 2016). Se ha estimado que la pérdida de los polinizadores resultaría en una reducción global en la producción de frutas de un 25%, de vegetales en un 15% y de más de un 20% en la de frutos secos, lo que conllevaría un aumento de las muertes y enfermedades por malnutrición de aproximadamente 1,4 millones de personas al año (Ollerton, 2021)[2].

En muchos países, el área de cultivos polinizados por animales ha aumentado considerablemente, por razones básicamente económicas, respecto al área que ocupan cultivos como el aceite de colza, el cual no requiere polinizadores, u

---

2. Puede consultarse también el apartado "Consecuencias económicas de la pérdida de polinizadores en la productividad de los cultivos" en el capítulo 5.

otros cereales polinizados por viento, o como los cultivos de tubérculo (por ejemplo, la patata o la remolacha); en el caso de Reino Unido, en particular, sorprende que el área destinada a cultivos dependientes de polinizadores se ha más que duplicado desde 1980 hasta el presente (Potts *et al.*, 2016). Esta tendencia es de hecho paradójica (¡e irónica!) si tenemos en cuenta que la agricultura, a su vez, es la principal responsable de reducir la abundancia y diversidad de polinizadores (capítulo 4).

Estudios recientes demuestran que las explotaciones agrícolas que garantizan una mayor abundancia y riqueza de polinizadores obtienen una mayor producción frente a aquellas donde únicamente se recurre al uso de especies domésticas (Norfolk, Eichhorn y Gilbert, 2016). El éxito de la polinización en cultivos agrícolas y silvestres reside en la abundancia y diversidad de los insectos polinizadores silvestres que los visitan. Ejemplos ilustrativos de cultivos que se benefician de la diversidad de polinizadores son el café, las manzanas o las cerezas (Garibaldi *et al.*, 2016). Tanto abejas y abejorros como la abeja de la miel y un cierto número de otros insectos silvestres contribuyen de forma aditiva a la polinización de los cultivos y son, por tanto, necesarios para optimizar el servicio global de polinización.

Es importante mencionar también que hay especies de plantas silvestres y cultivadas que, debido a características biogeográficas, climáticas, evolutivas o morfológicas, solo pueden ser polinizadas por un número reducido de especies, siendo estas insustituibles. Este hecho es particularmente relevante a la hora de elaborar proyectos de gestión, conservación o restauración de hábitats. La pérdida de estos polinizadores especialistas podría conducir a una reducción o incluso a una pérdida total de la viabilidad reproductiva de sus plantas asociadas o pérdida total de producción agrícola. Cultivos como la chirimoya (*Annona cherimola*), por ejemplo, únicamente pueden ser polinizados por escarabajos de las familias Monotomidae y Nitidulidae (Morales, Bautista y Vergara, 2020), o cultivos como el aguacate o el mango son polinizados por unas pocas abejas solitarias y algunas moscas de las familias Syrphidae y Tachinidae muy especializadas en las flores de estos cultivos (De la Peña *et al.*, 2018). Otro producto de gran valor económico que depende de insectos polinizadores "no domesticados" es el cacao, polinizado por una amplia diversidad de insectos, entre los que destacan las pequeñas moscas de la familia Ceratopogonidae. A pesar de la importancia del chocolate y sus derivados en nuestra sociedad, todavía se sabe relativamente poco sobre la biología de la polinización del cacao y la eficiencia de sus polinizadores.

Casi todas las valoraciones económicas de la polinización entomófila en la agricultura se han enfocado en los cultivos destinados al consumo alimentario y, por tanto, sabemos mucho menos sobre cómo los insectos aumentan el valor de los cultivos no alimentarios, por ejemplo, el de la madera. Es de esperar que dicho valor no sea desdeñable dado que una gran fracción de árboles (en Europa, más del 65%) son polinizados por insectos. Sin duda, es necesaria mucha más información sobre la biología reproductiva de los árboles y sobre su grado de dependencia de los polinizadores.

Brevemente, los animales polinizadores desempeñan un papel fundamental en el mantenimiento de la biodiversidad, el funcionamiento de los ecosistemas naturales y, desde una perspectiva antropocéntrica, en la producción de cultivos esenciales para la alimentación humana. Además, desde una perspectiva cultural, muchas especies de polinizadores como colibríes, mariposas y abejas han inspirado el arte que creamos y disfrutamos los *Homo sapiens*. Por lo tanto, ¡es crucial protegerlos!

CAPÍTULO 3

El caso especial de los polinizadores 'domesticados'

Los polinizadores domesticados desempeñan un papel crucial en la agricultura y los ecosistemas de todo el mundo. Su relevancia se extiende a los aspectos económicos, ecológicos y sociales de la actividad humana. Los servicios de polinización que brindan de manera eficiente ayudan a incrementar la producción de alimentos y favorecen la biodiversidad y la salud de los ecosistemas. Por tanto, es fundamental protegerlos y gestionarlos de forma sostenible, además de conservar también las poblaciones de polinizadores silvestres, para asegurar la seguridad alimentaria y el equilibrio ecológico frente a los crecientes desafíos ambientales. En este capítulo nos enfocamos en las principales especies de polinizadores que se emplean para la agricultura.

Las abejas de la miel (*Apis* spp.)

Las abejas melíferas son abejas sociales que incluyen diversas especies y subespecies dentro del género *Apis*, cuya especie más conocida y extendida es *Apis mellifera*. Son himenópteros del suborden Apocrita y de la familia Apidae. El género *Apis* es responsable de cerca de la polinización de un 40% de los cultivos para los cuales existen suficientes datos, frente a otro 46% que son polinizados por abejas no domesticadas; el resto de cultivos depende de otros grupos taxonómicos (como sírfidos o escarabajos) entre los cuales los vertebrados son una minoría (por ejemplo, los murciélagos son los principales polinizadores del mezcal, del género *Agave*, en las zonas desérticas de México, así como del durián, en el sudeste asiático).

FIGURA 1
Los principales polinizadores 'domesticados' (o manejados) que se emplean en agricultura están únicamente dentro de cuatro grupos/ géneros: el de *Apis* (abejas melíferas; superior, izquierda), *Bombus* (abejorros; superior, derecha), *Osmia* (abejas albañiles; inferior, izquierda) y *Megachile* (abejas cortadoras de hojas; inferior, derecha).

FUENTE: XAVIER CANYELLES.

Es ampliamente aceptado que *Apis mellifera* es originaria de Asia y se expandió a Europa y África —continentes donde se la considera ya nativa—, mientras que las otras nueve especies de *Apis* se localizan exclusivamente en Asia. La mayoría de colonias se encuentran en las colmenas gestionadas por apicultores, aunque existen también colmenas silvestres

—mayoritariamente en la África subsahariana— persistentes en huecos de árboles, cavidades de paredes u otros sitios adecuados para establecerse. Las colonias pueden ser enormes, albergando miles de individuos, la mayoría hembras obreras con una sola reina. Su alimento consiste en polen y néctar de las flores, que salen a recolectar (actividad denominada pecoreo) la gran mayoría de individuos de la colonia, acumulándolo en un órgano especializado (corbícula) o canasta de polen en las patas posteriores.

Cada individuo realiza, en promedio, 15 viajes de pecoreo durante el día y en cada uno visita unas 40 flores. Considerando que una colmena sana alberga entre 20 000 y 80 000 abejas, eso equivale a varios millones de flores visitadas por una colonia en un día. La distancia de pecoreo puede ser de hasta 1,5 km de radio, en promedio, dependiendo de distintos factores ambientales (temperatura, radiación solar, contaminación ambiental, etc.) y ecológicos (distancia hasta la fuente de alimento, competencia con otras especies de insectos, etc.).

La colonia de abejas se comporta como un superorganismo, con un complejo sistema de castas, cada una de las cuales tiene una función específica y desarrolla un trabajo diferenciado. La reina y las obreras son hembras que se desarrollan a partir de huevos fecundados, mientras que los zánganos son machos que provienen de huevos no fecundados. La abeja reina, única hembra fértil, comienza a poner huevos en primavera, influenciada por factores externos como el flujo de néctar, la recolección de polen, la duración del día y la temperatura. Deposita los huevos en los panales de cera construidos por las obreras y al cabo de tres días emergen larvas que serán alimentadas por abejas nodrizas. A la semana, cada larva se sella en su celda y pasa al estadio de pupa. Después de otra semana, aproximadamente, emerge la abeja adulta.

La abeja reina rara vez abandona la colmena, salvo en vuelos de fecundación o durante la formación de un enjambre para establecer una nueva colonia. En promedio, la abeja reina vive unos tres años, mientras que las obreras suelen vivir menos de tres meses. La reina libera feromonas para regular las actividades de la colmena, incluyendo la modificación del comportamiento de las obreras para que alimenten a las nuevas larvas como obreras en lugar de reinas en condiciones normales. Además, muchas obreras también emiten feromonas como parte de su comunicación con otras abejas. Estas obreras desempeñan diversos roles en la colmena: producen cera para construir panales, realizan tareas de limpieza, cuidan de las larvas, vigilan los panales y recolectan néctar y polen.

La función principal de los zánganos es fertilizar a la nueva reina mediante la cópula en pleno vuelo; ellos no se encargan de la recolección de néctar ni polen. La abeja reina copula con varios zánganos —generalmente más de 15—, que mueren inmediatamente después. Durante los primeros tres días de la fase larval, tanto la abeja reina como las obreras se alimentan de jalea real, secretada por las glándulas hipofaríngeas de las obreras. Después, estas cambian a una dieta de polen y néctar o miel diluida, mientras que las larvas destinadas a ser abejas reinas continúan recibiendo jalea real. La nutrición adecuada durante los estadios larvarios es crucial para la calidad de las reinas criadas, junto con factores como la genética y el número de apareamientos. Los estadios larval y pupal son vulnerables a distintos tipos de parásitos (capítulo 4).

El comportamiento de las abejas sociales puede influir significativamente en el éxito reproductivo de las plantas. El número de flores que visitan en una planta antes de pasar a otra determina el grado de geitonogamia (autopolinización entre flores de la misma planta), especialmente en especies con un alto despliegue floral, es decir, aquellas que producen muchas flores simultáneamente. En el caso de plantas autoincompatibles (las que requieren polen de otra planta de la misma especie para producir semillas), una carga abundante de polen del mismo individuo sobre el estigma puede bloquear la llegada y germinación de polen de otros individuos, limitando la formación de semillas o frutos y, por tanto, el éxito reproductivo. Este aumento en la geitonogamia debido a la polinización por abejas sociales, concretamente por *Apis mellifera*, se acaba de demostrar, por ejemplo, en un reciente estudio

(Travis y Kohn, 2023) realizado en California, donde la abeja de la miel representa el 75% de todas las visitas florales a plantas nativas en la región, pudiendo incluso exceder el 90% en aquellas especies en flor más abundantes en la comunidad. Estos valores son de los más altos reportados en el mundo hasta ahora, lo cual es bastante preocupante dado que esta región se considera un punto caliente de biodiversidad, con más de 600 especies de abejas nativas y al menos 2400 especies de plantas. Combinando observaciones directas del comportamiento de los distintos polinizadores y examinando las cargas polínicas sobre los estigmas de las flores en varias especies vegetales después de visitas "únicas" (confirmando qué especie de insecto visita una flor en particular no visitada previamente por ningún otro insecto), y comparando la abeja de la miel con polinizadores nativos, los autores encontraron que los niveles de autopolinización promovidos por *Apis mellifera* son más altos —resultando en un menor desempeño de la descendencia— que el promedio de los que promueven los polinizadores nativos.

Varios estudios han demostrado que la efectividad de un polinizador depende tanto de su comportamiento de forrajeo como de la calidad del polen que transfiere. En el caso de *Apis mellifera*, los altos niveles de autopolinización que promueve podrían de hecho explicar por qué, en una amplia gama de 41 cultivos, el aumento de visitas por otras especies de abejas incrementa la tasa de fructificación, independientemente de la cantidad de visitas por la abeja de la miel (Garibaldi *et al.*, 2013).

En comunidades donde muchas de las plantas nativas sean autocompatibles, la presencia de la abeja de la miel puede tener consecuencias ecológicas importantes. Por ejemplo, si esas plantas nativas ven reducido su éxito reproductivo debido a *Apis mellifera*, la comunidad puede hacerse más vulnerable a la invasión por plantas introducidas que no requieran de polinización por insectos (es decir, que sean anemófilas —polinizadas por viento— o se autofecunden, por ejemplo, como muchas hierbas y gramíneas anuales mediterráneas), lo cual a su vez podría aumentar el riesgo de incendios en la zona. Por otro lado, si la abeja de la miel visita más las plantas más abundantes, podría mantener la biodiversidad de la zona si influye más negativamente sobre estas que sobre plantas raras o poco abundantes. Es difícil todavía poder predecir las repercusiones de una alta abundancia de la abeja de la miel para el éxito reproductivo de las plantas que polinizan, pero sí podemos pronosticar que esas repercusiones serán sustanciales y relevantes, tanto desde un punto de vista ecológico como evolutivo. El hecho de que muchas plantas aumenten su grado de endogamia debido al comportamiento de la abeja de la miel compromete, sin duda, el futuro evolutivo de esas especies.

A escala global, se estima que la abeja de la miel es el visitante floral más frecuente en la vegetación natural, representando alrededor de un 13% de todas las visitas (Hung *et al.*, 2018), aunque hay muy pocos estudios todavía que hayan investigado su contribución a la polinización de comunidades de plantas silvestres. Uno pionero llevado a cabo en dos áreas protegidas y altamente biodiversas en Sudáfrica (Stanley *et al.*, 2020) ha mostrado que las poblaciones silvestres de abeja de la miel visitan alrededor de un 40% de las plantas en esas comunidades, suponiendo también entre un 32 y un 40% de las visitas que reciben esas plantas. Sin embargo, al considerar la abundancia y pureza de las cargas de polen, *Apis mellifera* mostró ser importante solo para un 29% de las plantas visitadas, lo que indica, por tanto, la necesidad de invertir esfuerzos en la conservación de los otros grupos de polinizadores no *Apis*. Otros estudios han mostrado que el aumento en las visitas de los insectos silvestres a los cultivos mejora la producción de frutos el doble que un aumento equivalente en visitas de abejas melíferas (Garibaldi *et al.*, 2013), indicando que la gran abundancia de estas complementa, en lugar de sustituir, la polinización por insectos silvestres. Con el fin de mejorar el rendimiento mundial de los cultivos, son necesarias nuevas prácticas para el manejo integrado tanto de las abejas melíferas como de los insectos silvestres.

Entre los principales cultivos en los que se usa *Apis mellifera* encontramos los de almendras, avellanas, nueces de macadamia, manzanas, peras, cerezas, fresas, frambuesas, arándanos, ciruelas, melocotones, cítricos, melones y sandías. La abeja de la miel también es muy empleada para la producción de vegetales como el pepino o el calabacín, entre otros. La cantidad de colmenas colocadas anualmente para la polinización y la producción de miel varía mucho según la región, dependiendo de factores como el clima, las prácticas agrícolas, la demanda de servicios de polinización y los precios del mercado de la miel. A nivel mundial, se estima que hay más de 90 millones de colmenas gestionadas anualmente por apicultores. Esta cifra incluye tanto a apicultores a pequeña escala como a grandes empresas comerciales. En muchos países, incluido el nuestro, es frecuente colocar colmenas dentro o cerca de parques nacionales, para aprovechar los abundantes recursos florales. En España, el parque nacional en el que se colocan más colmenas (entre 2500 y 3000 cada año) es el del Teide; estas se trasladan al parque generalmente entre finales de primavera y principios de verano durante la temporada de floración, sobre todo la del tajinaste rojo (*Echium wildpretii*) el cual produce miel de alta calidad.

Los abejorros (*Bombus* spp.)

Los abejorros, pertenecientes al género *Bombus*, son también sociales, a excepción de unas pocas especies. Hay descritas más de 250 especies y se distribuyen principalmente en climas templados, con algunas especies tropicales. Pueden sobrevivir en altitudes y latitudes más elevadas que las de otras especies de abejas. Algunas como *B. polaris* y *B. alpinus* viven en climas muy fríos, incluso en el Ártico. Aunque tienen una distribución casi cosmopolita, no existen abejorros nativos ni en Australia ni en Nueva Zelanda. Sin embargo, en estos países se han introducido para la polinización de algunos cultivos, como la alfalfa. En África solo existen al norte del Sahara.

Son abejas relativamente grandes, con cuerpo robusto, que pueden superar los 2 centímetros; las reinas son más grandes que las obreras y que los zánganos. Tienen el cuerpo recubierto por vello sedoso, lo cual les permite atrapar el polen muy eficientemente además de servir de capa aisladora para sobrevivir a muy bajas temperaturas. Suelen ser de color negro o presentar bandas amarillas, blancas o —en algunos casos— naranjas. Los adultos se alimentan fundamentalmente de néctar y colectan polen para alimentar a sus crías, al igual que otras abejas.

Las hembras fecundadas o reinas son las únicas que sobreviven el invierno. Emergen temprano en primavera y buscan un lugar adecuado para anidar, generalmente una madriguera abandonada de ratón u otro roedor, aunque también anidan en el suelo, en cavidades naturales o en agujeros que ellas mismas construyen con material vegetal. Construyen cazuelas u ollitas de barro y cera para almacenar néctar, polen y para depositar los huevos. Las celdillas no son hexagonales ni tan organizadas como las de la abeja de la miel, sino que están distribuidas irregularmente.

Los abejorros se dividen en dos grupos según su método de almacenamiento de polen: 1) los de probóscide larga (estructura especializada formada por piezas bucales modificadas que actúan como una especie de "tubo retráctil" capaz de alcanzar el néctar en flores profundas), conocidos como "abejorros de bolsillo", crean celdas cercanas a las larvas, permitiéndoles alimentarse por sí mismas, y 2) los de probóscide corta, los cuales depositan el polen a cierta distancia de las celdas de cría y perforan agujeros en ellas para alimentar a las larvas. La reina continúa cuidando a las crías hasta que emerge la primera camada de obreras. Después de eso, se dedica solamente a poner huevos y las obreras hacen todas las tareas, tales como agrandar el nido, construir más receptáculos o alimentar y cuidar a la cría. La reina segrega unas feromonas que suprimen las hormonas en las larvas, inhibiendo el desarrollo de sus ovarios y convirtiéndolas en obreras no fértiles durante la primavera y el verano. Hasta que la reina no deja de producir las feromonas, las obreras no comienzan a poner huevos no fecundados, dando lugar a machos. Aunque la reina intenta destruir estos huevos, algunos sobreviven y esos machos se aparean con nuevas reinas al final del verano o principios de otoño; entonces se desarrollan hembras fértiles que se convierten en las reinas de la siguiente generación, junto con los machos. Posteriormente, la reina vieja, las obreras y los machos mueren y las nuevas reinas buscan refugio para hibernar, aunque previamente se han alimentado para aumentar sus reservas de grasa y así poder formar una nueva colonia la siguiente primavera.

El tamaño de la colonia es muy variable en los abejorros, aunque suele constar de menos de 50 obreras en la mayoría de los casos. Se han registrado colonias con tan solo 20 individuos y otras tan grandes que superan los 1500, especialmente en las regiones tropicales. Los abejorros pueden desplazarse hasta unos 3 km en busca de polen y néctar, alcanzando velocidades de vuelo de cerca de unos 55 km/h. Aunque suelen extraer el néctar usando su proboscis, promoviendo una polinización legítima, algunos abejorros perforan la base de la corola de la flor para acceder a dicho néctar, actuando como "ladrones" y no como polinizadores efectivos.

A diferencia de la abeja de la miel, los abejorros son capaces de polinizar por zumbido o vibración. Este tipo de polinización ocurre en flores cuyos estambres no liberan el polen de manera abierta (dehiscentes) y poseen un poro a través del cual el polen se dispersa al vibrar la flor. Es el caso, por ejemplo, de las plantas de las familias Solanaceae (tomates, patatas, tabaco, etc.) y Ericaceae (arándanos, azaleas, etc.). El cuerpo del abejorro se recubre de polen debido a su vellosidad y carga electrostática. Luego, cepilla este polen y lo transfiere a las corbículas o canastas de polen en sus patas traseras después de humedecerlo con una mezcla de saliva y néctar. El abejorro regresa al nido y deposita su carga de polen y néctar en los receptáculos. A diferencia de la miel concentrada producida por la abeja melífera, el néctar suele permanecer en estado líquido, por lo que no se utiliza tradicionalmente por los humanos para su consumo o beneficio.

En Eurasia existe un grupo de abejorros dentro del subgénero *Psithyrus*, con cerca de 30 especies, que no construyen nidos ni forman colonias y que han perdido la capacidad de colectar polen y de criar sus larvas; invaden las colonias de otras especies de *Bombus*, eliminan a la reina residente y obligan a las obreras a criar su descendencia. Este comportamiento es similar al del cuco en las aves, de ahí el nombre de "abejorros cuco".

Solo unas pocas especies de abejorros se utilizan ampliamente en la industria de invernaderos, especialmente en cultivos como tomates, pimientos, berenjenas, calabacines, fresas, sandías y melones. También han demostrado aumentar la producción de árboles frutales como manzanos, perales, cerezos, membrilleros, almendros, kiwi, albaricoques y melocotones. Cada año, se colocan en el mundo alrededor de 2 millones de colonias de abejorros para polinización comercial. *Bombus terrestris* en Europa y *Bombus impatiens* en América del Norte son las especies más utilizadas debido a su efectividad, especialmente en entornos controlados como invernaderos, donde realizan la polinización vibratoria. En España, uno de los mayores productores de frutas y hortalizas de Europa, la demanda de servicios de polinización por abejorros ha aumentado significativamente en las últimas décadas, impulsada por su eficiencia y la disminución de la población de polinizadores naturales. En regiones como Almería y Murcia, el uso de abejorros ha demostrado ser clave para maximizar rendimientos y mejorar la calidad de muchos productos agrícolas.

Las abejas albañiles (*Osmia* spp.)

Estas curiosas abejas, dentro de la familia Megachilidae, y con más de 300 especies, reciben el calificativo de albañiles porque se dedican a construir tabiques de barro para separar las celdas de sus nidos, los cuales instalan en tallos huecos o en agujeros en la madera. A diferencia de la abeja de la miel y de los abejorros, las *Osmia* son solitarias, es decir, cada hembra es fértil y se ocupa de sus propias crías. Las hembras cuentan con un órgano en el abdomen denominado escopa, similar a las corbículas de otras abejas, diseñado para transportar el polen. Esta escopa se hace notablemente visible cuando está cargada de polen.

Al igual que en la mayoría de las especies de abejas, los adultos emergen en primavera, comenzando con los machos que se agrupan cerca del nido, aguardando la llegada de las hembras, de mayor tamaño. Una vez que las hembras emergen, se produce el apareamiento. Los machos mueren poco después, mientras que las hembras asumen la tarea de buscar y abastecer los nidos. Después de decidirse por un nido, la abeja visita muchas flores y empieza a acumular polen, el cual amasa con néctar y saliva, en la parte distal del mismo. Posteriormente, deposita un huevo sobre la masa de polen y construye un tabique para separarlo. Luego comienza a almacenar nuevamente polen y continúa construyendo nuevas celdillas hasta completar el nido. Las primeras celdas, con mejor provisión, contienen huevos fecundados que darán lugar a hembras, mientras que las celdas con menos provisión albergan huevos no fecundados que darán origen a los machos. El tabique final es más grueso y resistente que los anteriores. Las larvas crecen dentro de las celdillas y, al final del verano, alcanzan su tamaño adulto, pasando por la etapa de pupa antes de emerger como adultos. Estos adultos permanecen en estado de hibernación hasta la primavera siguiente, pudiendo tolerar temperaturas por debajo de los 0 °C.

Las *Osmia* no producen miel ni cera, pero se usan en agricultura en varios países como polinizadoras de cultivos como manzanos, ciruelos, perales, almendros o melocotoneros. Son especies mucho más eficientes que la abeja de la miel, ya que transportan el polen de forma efectiva la mayoría de las veces, se mueven más entre las flores (promoviendo menos la geitonogamia) y se requieren muchos menos individuos para polinizar todo un campo de cultivo. Las especies comerciales más conocidas son *O. lignaria*, *O. bicornis*, *O. cornuta*, *O. cornifrons*, *O. ribifloris* y *O. californica*. Normalmente, se emplean en combinación con colmenas de *Apis mellifera*. Suelen ser transportadas en nidos artificiales, los cuales usan con relativa frecuencia, aunque también en forma de capullos (pupas). Son relativamente dóciles[3].

Las abejas cortadoras de hojas (*Megachile* spp.)

De la misma familia que las *Osmia*, el género *Megachile* incluye un amplio grupo de abejas solitarias, con alrededor de 1500 especies divididas en unos 50 subgéneros de distribución cosmopolita. Conocidas comúnmente como abejas cortadoras de hojas, aunque no todas lo hacen, construyen sus nidos en troncos huecos de árboles o estructuras similares, así como en agujeros del suelo. La hembra coloca un huevo en cada celda del nido, que previamente ha recubierto con piezas circulares de hojas o pétalos. Cada celda se llena con una mezcla de polen y néctar para nutrir a las larvas en desarrollo. Al igual que en las *Osmia*, los machos de *Megachile* son de menor tamaño que las hembras y emergen antes que ellas, muriendo poco después del apareamiento. Los nidos de *Megachile* suelen ser parasitados por diversas especies de avispas y otras familias de abejas. Las abejas cortadoras de hojas son polinizadores altamente eficientes, especialmente para cultivos que requieren la "activación" de las flores, como la alfalfa. Exhiben un comportamiento conocido como polinización ventral, en el que el polen se adhiere a la parte inferior de sus cuerpos y se transfiere de flor en flor. Esto las hace más efectivas que las abejas melíferas en la polinización de ciertos cultivos. Su capacidad para forrajear de manera eficiente y su adaptabilidad a condiciones de clima cálido las hacen muy adecuadas para el cultivo del girasol.

---

3. En Cataluña, el grupo del CREAF formado por Jordi Bosch y Anselm Rodrigo ha mostrado la eficacia de *O. cornuta* en la polinización del almendro, cerezo, manzano y peral, y ha desarrollado métodos de cría y gestión de sus poblaciones. Actualmente, estamos trabajando en un proyecto en el que vamos a comparar la eficacia de *O. cornuta* y de *O. bicornis* en la producción del almendro en la isla de Mallorca.

Megachile rotundata es una especie europea que ha sido introducida en otras regiones geográficas para comercializarse como polinizadora. Aparte de para la alfalfa y el girasol, también se emplea para polinizar otras hortalizas como cebollas, zanahorias, pepinos, etc., además de frutas como melones y bayas. Su naturaleza solitaria y su preferencia por anidar en cavidades prefabricadas las hacen adecuadas para estrategias de polinización dirigidas, tanto en pequeños como en grandes entornos agrícolas.

La creciente demanda de polinizadores y su limitada disponibilidad han impulsado un mayor uso del manejo de polinizadores domesticados (Goodrich, 2019). Además, muchos cultivos que dependen en mayor o menor medida de polinizadores se polinizan o complementan artificialmente con polen, ya sea de manera manual o mecánica, para alcanzar niveles de producción rentables (Eyles *et al.*, 2022). Sin embargo, la falta de frutos o semillas debido a una polinización insuficiente sigue siendo un problema generalizado en estos cultivos (Sáez *et al.*, 2022).

CAPÍTULO 4

¿Cuáles son las principales amenazas a los polinizadores?

Dado que la mayoría de los paisajes naturales del mundo han sido transformados por la actividad humana, es razonable prever una disminución global en la abundancia y riqueza de polinizadores. Una forma de ver esta pérdida es a través de estudios realizados en comunidades a lo largo de áreas con más agricultura y menos hábitats naturales, que nos ayudan a entender los cambios a lo largo del tiempo. Síntesis cuantitativas de estos estudios llevadas a cabo a escala local señalan una tendencia generalizada de declive en la diversidad y abundancia de polinizadores como consecuencia directa de estos factores. Además, se ha documentado que estas pérdidas no afectan por igual a todas las especies, sino que están sesgadas hacia aquellas con características específicas. En particular, las especies especialistas, tanto en su hábitat como en su dieta, son especialmente vulnerables a perturbaciones ambientales, al igual que las univoltinas (con una sola generación anual) y las no migratorias.

La evidencia empírica de los cambios en las poblaciones de polinizadores, tanto domesticados como silvestres, es limitada. Los abejorros han sido los más estudiados, especialmente en Bélgica, Reino Unido y Estados Unidos, mostrando una disminución gradual en su diversidad. A excepción de las mariposas, los datos sobre otros polinizadores, incluidas otras especies de abejas, son fragmentarios debido a la falta de programas de monitoreo coordinados. Por ello, los científicos han recurrido a datos no estandarizados para evaluar cambios en las comunidades de polinizadores, como la comparación de frecuencias de registros entre diferentes periodos o la riqueza de especies. Además, los trabajos sobre la disminución de polinizadores se han centrado en taxones específicos (principalmente abejas) y rara vez a nivel comunitario, lo que limita nuestra capacidad para evaluar el impacto del cambio global en las interacciones planta-polinizador en los ecosistemas.

Figura 2

Principales factores de cambio global que influyen sobre la biodiversidad de polinizadores y que frecuentemente actúan de forma sinérgica. De hecho, es más que probable que las disminuciones, tanto de polinizadores silvestres como domesticados, se deban a los efectos interactivos y no aditivos, donde un factor aumenta la gravedad de otro. Sin embargo, la mayoría de los estudios hasta ahora han analizado los impactos de factores específicos de manera aislada, por lo que la evidencia de efectos interactivos es todavía escasa.

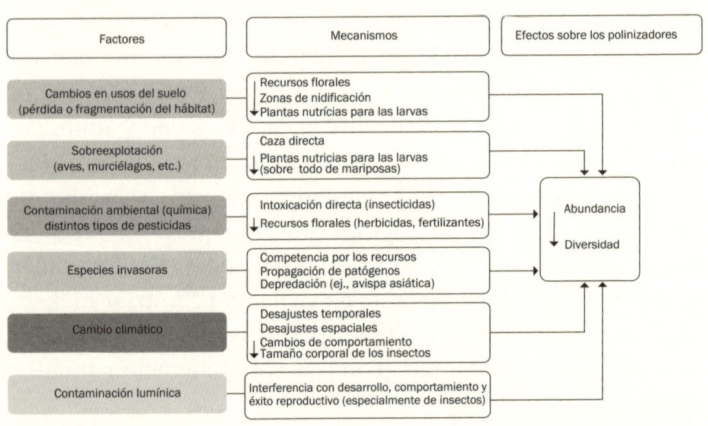

Fuente: Elaboración propia.

Los factores más importantes que influyen sobre la biodiversidad en general y la abundancia y diversidad de polinizadores en particular, y que frecuentemente actúan de forma sinérgica: 1) los cambios en el uso del suelo, con la consiguiente pérdida y fragmentación de hábitats y disminución de la diversidad de recursos; 2) el aumento en la aplicación de pesticidas y la contaminación ambiental; 3) las especies invasoras, incluyendo la propagación de patógenos, y 4) el cambio climático.

Pérdida y fragmentación de hábitat

Aunque el colapso de las poblaciones de polinizadores es causado por múltiples factores, los cambios en el uso de la tierra (con la subsiguiente pérdida y fragmentación de hábitat natural), junto con la transmisión de patógenos entre especies de polinizadores, destacan entre los principales impulsores de esta disminución (Proesmans *et al.*, 2021). Investigaciones a largo plazo, como las realizadas en el noreste de EE UU, han mostrado que los abejorros son el grupo con disminuciones más significativas, principalmente debido a la pérdida de hábitat. En regiones como Gran Bretaña, Países Bajos y Bélgica, la reducción de la riqueza de especies y la homogeneización biótica (proceso por el cual las comunidades biológicas de diferentes regiones se vuelven cada vez más similares en su composición de especies) entre 1930 y 1990 también están estrechamente relacionadas con la intensificación del uso del suelo y la pérdida de hábitat natural. No obstante, en las áreas donde se ha invertido en conservación, esta tendencia ha comenzado a revertirse, evidenciando el potencial de restaurar y mantener las comunidades de polinizadores cuando se cesa la intensificación del uso del suelo y se protege el hábitat natural.

Es importante resaltar que la predicción de las respuestas de los polinizadores, especialmente de las abejas, a los cambios en el uso del suelo presenta importantes sesgos geográficos y taxonómicos. La mayoría de los datos disponibles provienen de América del Norte y Europa occidental, y las respuestas varían considerablemente según la región (De Palma *et al.*, 2016). Esto sugiere que los modelos actuales pueden subestimar la incertidumbre, destacando la necesidad de considerar diferencias regionales en las políticas de conservación para gestionar efectivamente las poblaciones de abejas y proteger la biodiversidad.

La agricultura intensiva y los monocultivos reducen significativamente los recursos florales disponibles para los polinizadores. Las abejas, que dependen del néctar como fuente de carbohidratos y del polen como fuente de proteínas y nutrientes, se ven especialmente afectadas por la escasez de alimentos. Esto perjudica su capacidad para aprender de manera simple y asociativa. Además, la falta de polen durante el desarrollo puede llevar a las abejas a comenzar a forrajear más temprano y durante periodos más cortos, mientras que la carencia de néctar puede provocar decisiones alimentarias impulsivas. El estrés derivado de esta falta de recursos afecta sus habilidades cognitivas y de recolección de alimentos, lo que compromete su capacidad para alimentar a las crías y mantener colonias saludables, teniendo un impacto negativo en sus poblaciones. En general, los polinizadores especialistas, que necesitan hábitats o recursos específicos, suelen verse más afectados por los cambios en el uso del suelo que los polinizadores generalistas, los cuales se adaptan mejor a diferentes entornos. También se ha comprobado que las prácticas agrícolas que alteran el suelo afectan más negativamente a las abejas que anidan sobre la superficie, mientras que las especies que construyen nidos subterráneos pueden incluso beneficiarse del aumento de suelo desnudo. Por otro lado, la urbanización favorece a las abejas que anidan sobre el suelo, aprovechando grietas en estructuras urbanas. Tenemos constancia, además, de que las abejas con actividad temprana, así como las que tienen un solo ciclo reproductivo anual o tasas de reproducción bajas, son más vulnerables a los cambios en el uso del suelo y a ciertos impactos antropogénicos (De Palma *et al.*, 2016).

La mayoría de los estudios sobre el impacto de la fragmentación en las poblaciones de polinizadores silvestres se han centrado bien en el efecto del tamaño de los fragmentos, bien en el grado de aislamiento de estos. Aunque puede no existir relación entre el tamaño del fragmento y la riqueza o abundancia total de especies, sí se han observado distintas respuestas según el grupo de polinizadores; las abejas y mariposas responden más a la reducción del tamaño de fragmento que otros grupos, especialmente las abejas solitarias, parasíticas, oligolécticas y las mariposas monófagas.

Las variaciones en las respuestas suelen estar relacionadas también con la calidad del hábitat circundante. Por tanto, para mantener poblaciones viables de polinizadores, es crucial determinar si hay un tamaño mínimo de hábitat necesario y si el tipo de hábitat, ya sea urbanizado o rural, influye en su supervivencia. En algunas áreas, el uso moderado de la tierra por los humanos puede ayudar a conservar muchas especies (pero no todas) de abejas. Por ejemplo, en los bosques de América del Norte, solo 18 de las 130 especies de abejas analizadas mostraron un crecimiento favorable en grandes extensiones de bosques (Winfree *et al.*, 2009); la abundancia y diversidad de especies fueron menores en los bosques, mientras que aumentaban en áreas de cultivo y en zonas urbanas y suburbanas. En lo que respecta al efecto del grado de aislamiento de los fragmentos, se ha observado que este varía en función de la movilidad de las especies, la distribución espacial de los fragmentos y la calidad de los hábitats circundantes. Además, la fragmentación incrementa la cantidad de bordes, lo que puede tener efectos positivos en la abundancia y diversidad de algunos polinizadores.

La capacidad de dispersión de los polinizadores determina en gran medida sus respuestas a la pérdida de hábitat. Aquellos con rangos de vuelo largos, como algunas especies de mariposas, polillas y sírfidos, se ven menos afectados por la destrucción y fragmentación del hábitat que las especies con rangos de vuelo cortos. En las abejas, concretamente, el tamaño corporal está relacionado con la distancia de forrajeo y su sensibilidad a los cambios en el uso del suelo, aunque las especies más pequeñas no siempre son más vulnerables que las grandes. La movilidad de los polinizadores, además, influye en la escala espacial de su respuesta a los cambios en el hábitat; así, mientras que las abejas solitarias responden a pérdidas de hábitat a escalas pequeñas, las abejas sociales, como la abeja de la miel, responden a escalas más grandes (de varios kilómetros de radio).

Los polinizadores migratorios, como colibríes, murciélagos y mariposas monarca en Norteamérica, están perdiendo sus "corredores de néctar" (que conectan diferentes hábitats, facilitando el movimiento de los polinizadores a través de paisajes fragmentados, como áreas urbanas, campos agrícolas o entre reservas naturales) debido a la falta de recursos necesarios durante sus migraciones. Por ejemplo, la mariposa monarca (*Danaus plexippus*) ha pasado de mil millones a 33 millones de adultos en los últimos 25 años.

En el caso particular de las mariposas, los cambios en sus comunidades se deben principalmente a la pérdida de áreas de reproducción, donde las plantas alimenticias para las larvas son reemplazadas por cultivos, pastizales, plantaciones exóticas y urbanización. Esto ha provocado la desaparición de muchos prados ricos en mariposas en hábitats seminaturales aislados. Dos limitaciones clave afectan a estos insectos: su baja capacidad de dispersión, ya que muchas especies viven en poblaciones cerradas con poca migración, y su alta especialización en hábitats específicos durante la etapa larvaria, dependiendo de plantas y, en algunos casos, de algunas especies de hormigas —que protegen a las orugas de depredadores y parásitos—. Por ello, la degradación del hábitat y las grandes alteraciones del paisaje por actividades humanas están favoreciendo a especies generalistas sobre las especialistas.

Las polillas son polinizadores todavía más específicos que las mariposas, a menudo estando asociadas con plantas específicas en coadaptaciones únicas. El ejemplo más conocido lo encontramos en Madagascar, donde la orquídea cometa de Darwin (*Angraecum sesquipedale*) es únicamente polinizada por la polilla *Xanthopan morganii* var. *praedicta*, la cual posee una larga (unos 30 cm) probóscide para poder llegar a alcanzar el néctar en la base del tubo de la flor. Aparte de por la destrucción y fragmentación del hábitat, las polillas están amenazadas por otros factores como las luces artificiales —que atraen tanto a murciélagos como a polillas (depredador y presa)—, las especies introducidas invasoras, los pesticidas y el cambio climático. Los ejemplos más severos de descensos de polillas provienen de regiones del hemisferio norte, con alta densidad de población humana y agricultura intensiva.

En cuanto a los murciélagos, las amenazas tampoco se restringen a la pérdida de hábitat y a la destrucción de sus refugios, sino también a los pesticidas, a la caza y a la hostilidad y miedo humanos (que los consideran como plagas y portadores de enfermedades, como la rabia). Con la expansión de las actividades humanas en áreas de selva tropical, el futuro de los murciélagos no es muy alentador. Los murciélagos son polinizadores importantes en una variedad de entornos, desde selvas tropicales hasta regiones desérticas, y desempeñan un papel vital en la polinización de plantas cultivadas como el agave. Sin embargo, todavía existe poca información sobre el impacto que tendría una importante disminución en la polinización por estos animales.

El (grave) problema de la contaminación ambiental

La intensificación agrícola ha aumentado el uso de agroquímicos, lo que resulta en una todavía mayor degradación del hábitat. Los términos "plaguicida" o "pesticida" abarcan una amplia gama de productos, como insecticidas, fungicidas, herbicidas, etc., diseñados para controlar diversas plagas. Los insecticidas son los plaguicidas que representan un mayor riesgo para los insectos polinizadores; causan mortalidad por intoxicación directa, promoviendo cambios locales en su diversidad y abundancia. Por otro lado, los herbicidas y los fertilizantes afectan a los polinizadores indirectamente al disminuir la disponibilidad de recursos florales.

Los efectos de la exposición a plaguicidas varían entre los distintos taxones de polinizadores, dependiendo de factores como la afinidad de los receptores neuronales, las capacidades de desintoxicación y los comportamientos de forrajeo. La organización social y las estrategias de vida también pueden influir sobre las respuestas a los plaguicidas; así, las colonias de abejas melíferas, con miles de obreras, pueden amortiguar el estrés, mientras que los abejorros y las abejas solitarias, con colonias más pequeñas, pueden ser más susceptibles a estas y otras presiones ambientales (Botías y Sánchez-Bayo, 2018). Aun así, las evaluaciones de riesgos generalmente solo consideran los efectos sobre las abejas melíferas.

Efecto de los insecticidas

Los insecticidas más utilizados son compuestos neurotóxicos, como los organofosfatos, carbamatos, piretroides, neonicotinoides y el fipronil, los cuales actúan sobre el sistema nervioso de los insectos de diversas maneras, provocando sobreestimulación y, en dosis mínimas, convulsiones o parálisis que pueden ser letales. Algunos de estos compuestos afectan funciones críticas como los canales de calcio en las fibras musculares o el proceso de muda en los insectos. En particular, los neonicotinoides y el fipronil, ampliamente utilizados y con una permanencia en las plantas de varios años después de su aplicación, tienen un impacto notable en la cognición de las abejas, ya que interfieren con la transmisión colinérgica, una sustancia química que permite la comunicación entre las células nerviosas, en sus cerebros. Esta interferencia es crucial porque afecta el aprendizaje y la plasticidad sináptica, alterando la memoria espacial y su capacidad de navegación (Siviter et al., 2018).

En los abejorros, los neonicotinoides han mostrado reducir el crecimiento de sus colonias, una menor producción de reinas y una disminución en la eficiencia en la búsqueda de alimento (Stokstad, 2013; Stanley y Raine, 2016). No obstante, a diferencia de las abejas melíferas, los abejorros rara vez se mantienen en colonias gestionadas, lo que dificulta el monitoreo de su salud. Se sabe que incluso una sola aplicación de insecticida puede tener efectos persistentes que afectan negativamente a múltiples generaciones de abejas (Stuligross y Williams, 2021), aunque se requiere más investigación al respecto, así como más estudios para entender cómo los residuos en el suelo pueden impactar a las abejas que anidan en él y cómo esta exposición interactúa con otros factores de estrés ambiental. También necesitamos comprender mejor cómo los neonicotinoides afectan a otros polinizadores y enemigos naturales de las plagas de cultivos, así como la persistencia de estos químicos en el suelo y su absorción por parte de las plantas no tratadas que crecen dentro o cerca de los campos tratados. Un buen número de estudios ha mostrado que una mayor proporción de paisaje cultivado de manera orgánica —sin aplicación de agroquímicos— incrementa la diversidad y abundancia de abejas.

Las sulfoximinas son una nueva clase de insecticidas similares a los neonicotinoides en su modo de acción, pero con diferencias que evitan la resistencia cruzada, es decir, que la resistencia a una de estas sustancias no confiere resistencia automática a la otra. Los potenciales efectos sobre los polinizadores de las sulfoximinas están aún muy poco estudiados. Los tratamientos de semillas pueden tener un impacto subletal generalizado (es decir, un efecto negativo en un organismo que no es lo suficientemente grave como para causar la muerte inmediata, pero que puede afectar su salud, comportamiento o capacidad para reproducirse), por lo que preocupa la proliferación de estos insecticidas sin pruebas suficientes de sus efectos. Algunos insecticidas, además, contienen metales pesados como el manganeso o el selenio, que han mostrado alterar la respuesta al azúcar del néctar, el aprendizaje olfativo y la memoria a largo plazo en las abejas.

Otros insecticidas utilizados en las colonias de abejas son los acaricidas, que pueden actuar de manera aditiva o sinérgica con los residuos de otros insecticidas presentes en dichas colonias. Los neonicotinoides y el fipronil actúan como inmunosupresores en las abejas, haciéndolas más susceptibles a infecciones por patógenos como *Nosema*. Esto puede facilitar la propagación del ácaro *Varroa*, un vector de virus patógenos en las colmenas de abejas. La combinación de estos insecticidas con parásitos como *Varroa* aumenta la virulencia de las enfermedades, lo que contribuye al colapso de muchas colmenas.

Efecto de los fungicidas

Las poblaciones de insectos polinizadores también están afectadas por los fungicidas, los cuales se están aplicando cada vez más sobre los cultivos debido al incremento de lluvias de verano en muchas regiones del mundo, como resultado del cambio climático. Sin embargo, las evaluaciones de riesgos actuales para los fungicidas no consideran de forma integral los impactos indirectos y subletales, como los efectos en la flora intestinal de las abejas, los hongos presentes en las reservas de polen, las interacciones entre fungicidas e insecticidas y la mayor susceptibilidad a enfermedades.

Algunos fungicidas, como los inhibidores del ergosterol, pueden aumentar la toxicidad de los insecticidas al reducir la capacidad de desintoxicación de las abejas. Este efecto sinérgico se ha observado en la abeja de la miel, el abejorro *Bombus terrestris* y la abeja solitaria *Osmia lignaria*. A pesar de que el impacto de los fungicidas en los polinizadores ha recibido poca atención, se ha encontrado que los residuos de estos productos en las colmenas están asociados con un incremento en la prevalencia de enfermedades en las abejas. Otros estudios indican que la exposición a fungicidas puede afectar también la capacidad de vuelo de los abejorros y el desarrollo normal de sus colonias. Además de las posibles sinergias con los insecticidas, el impacto podría estar relacionado con la alteración del microbioma presente en el polen y el néctar de las plantas tratadas, así como con la flora bacteriana de los propios polinizadores, lo cual podría tener consecuencias significativas para su salud.

Efecto de los herbicidas

Los herbicidas afectan a los insectos polinizadores tanto directa como indirectamente. Aunque no son excesivamente tóxicos para ellos, la exposición al glifosato ha demostrado alterar la capacidad de aprendizaje y navegación de las abejas, y los herbicidas auxínicos (por ejemplo, el 2.4-D) también pueden interferir en su desarrollo larvario. Sin embargo, el impacto más significativo de los herbicidas en los polinizadores suele ser indirecto, ya que eliminan muchas plantas silvestres y reducen la diversidad floral en las zonas agrícolas.

Tanto la exposición a esos plaguicidas como el estrés alimentario pueden afectar las respuestas inmunitarias de los polinizadores, incrementando su susceptibilidad a los parásitos. Sabemos que la exposición crónica a múltiples factores estresantes que interactúan está impulsando las pérdidas de colonias de abejas melíferas y el declive de los polinizadores silvestres, aunque la combinación precisa aparentemente difiere de un lugar a otro. Un metaanálisis reciente (Siviter, Richman y Muth, 2021) ha revelado que la combinación de agroquímicos, parásitos y desnutrición al que se enfrentan las abejas en un entorno de cultivo intensivo representa un grave riesgo para sus poblaciones. Sin embargo, tales interacciones no son adecuadamente consideradas en las normativas actuales, lo que plantea un desafío para evaluar y regular sus efectos combinados de manera eficaz.

Trasiego de especies (plantas, polinizadores y enemigos naturales) de un lado al otro del planeta

Las plantas introducidas por los humanos en un hábitat suelen integrarse bien en las comunidades de polinizadores, proporcionándoles un recurso adicional de polen y néctar. Aquellas con abundantes flores o con flores de gran tamaño, y que además suelen tener periodos de floración largos, pueden incluso disminuir la dependencia de los polinizadores de las plantas nativas. Sin embargo, estos beneficios suelen favorecer a especies generalistas (que se alimentan de gran diversidad de plantas), mientras que pueden perjudicar a las especialistas, más restrictivas en sus preferencias. Además, la introducción de estas plantas no nativas puede perjudicar también a los polinizadores al reducir por competencia la abundancia de flores nativas de las cuales pueden depender algunas especies.

La introducción de abejas gestionadas para la polinización de cultivos y la producción de miel puede también afectar a los polinizadores nativos a través de la competencia por recursos (sobre todo néctar y polen) o interacciones directas. La competencia por dichos recursos y los posibles efectos adversos (por ejemplo, en la reproducción y en el tamaño corporal) sobre las poblaciones de abejas nativas siguen siendo, sin embargo, temas de debate. Es sin duda necesaria una mejor comprensión de los efectos indirectos de las introducciones de especies y una coordinación más cuidadosa de la ubicación de las colmenas en los espacios naturales. Por otro lado, existe evidencia sólida de que las abejas domesticadas que se translocan de un sitio a otro pueden aumentar el riesgo de propagación de patógenos, incluida la expansión adicional del omnipresente ácaro *Varroa destructor* a nuevas áreas. Este ácaro transporta numerosos virus, y una infección en una colmena constituye un síndrome complejo causado por varios patógenos asociados. Además, representa un riesgo significativo debido a la capacidad de los virus de ARN para mutar y cruzar entre diferentes especies hospederas. El cambio climático puede aumentar la propagación y virulencia de plagas y patógenos, mientras que factores como la modificación del uso del suelo, la exposición a pesticidas y la reducción de recursos disponibles pueden hacer a las abejas más vulnerables a estos problemas. Se sabe, por ejemplo, que la escasez de flores naturales aumenta la infestación por *Varroa* en la abeja de la miel, destacando la importancia de conservar los recursos naturales cerca de las colmenas para mantener los servicios de polinización en el área.

A pesar de la creciente investigación sobre este tema, la transferencia de patógenos entre especies de abejas y dentro de sus comunidades es todavía poco conocida. La evidencia disponible sugiere que la importancia de los cambios de hospedador y de los patógenos compartidos se ha subestimado, especialmente en los virus de las abejas melíferas, como el virus de las alas deformadas, asociado a *Nosema cerana*, otro importante parásito de la abeja de la miel. Estos virus pueden infectar a múltiples especies, incluidas abejas silvestres y otros grupos de polinizadores como los sírfidos. Por tanto, las abejas no nativas pueden dispersar parásitos y enfermedades, complicando las interacciones patógeno-huésped. Aunque se conocen las amenazas para las abejas melíferas domesticadas, los efectos en polinizadores nativos silvestres son menos claros. Un patógeno altamente contagioso y que puede ser devastador para las poblaciones de abejas —si no se controla adecuadamente— es la bacteria *Paenibacillus larvae*, causante de la enfermedad llamada podredumbre de la cría o *foulbrood*, aparecida por primera vez en Estados Unidos en la década de 1940, y que provoca la descomposición de las larvas y pupas en la colmena.

Las actividades humanas han aumentado las presiones de parásitos y patógenos en las abejas al dispersar bacterias, virus, hongos y ácaros por todo el mundo. Los ácaros *Varroa* han representado una amenaza importante para las colmenas de abejas desde su identificación en Estados Unidos en 1987, y los ácaros traqueales (*Acarapis woodi*) han sido también un problema persistente, aunque menor. La exposición a cualquiera de estos parásitos provoca patrones específicos pero similares de cambios en la expresión de muchos genes cerebrales relacionados con la señalización de neurotransmisores, causando un rendimiento deficiente en la navegación de las abejas infectadas.

En otoño de 2006, un nuevo fenómeno, el trastorno del colapso de colonias de abejas melíferas (CCD), fue reportado por los apicultores estadounidenses. Ese invierno, las pérdidas de colonias fueron del 32% y aumentaron al 36% al año siguiente. El CCD se considera el resultado de una combinación de patógenos, pesticidas ambientales y mala alimentación, a la que se añade el efecto del cambio climático. Por otro lado, esta combinación de factores puede llevar a cambios evolutivos rápidos que incrementan la virulencia debido al debilitamiento del sistema inmunológico del hospedador. Además, este proceso puede ser dinámico, con eventos continuos de transmisión y retrotransmisión que aumentan progresivamente el riesgo de intercambio de patógenos y el desarrollo de nuevas dinámicas epidemiológicas comunitarias. Estos cambios de hospedador resaltan los riesgos asociados con la invasión de especies, al generar nuevas interacciones y patrones epidemiológicos para las poblaciones y comunidades (Proesmans *et al.*, 2021).

Algunos estudios han mostrado que una mayor prevalencia de patógenos y una reducción de la diversidad genética son buenos predictores del declive de abejorros en América del Norte, aunque la causa y el efecto siguen siendo inciertos. Por otro lado, una baja diversidad de abejas parece aumentar su susceptibilidad a los parásitos, por el efecto de dilución (por el que las comunidades ecológicas diversas limitan la propagación de enfermedades a través de varios mecanismos), lo que podría provocar epidemias en los polinizadores. Se podría pensar que los paisajes agrícolas intensivos, con baja densidad de polinizadores, pueden reducir la propagación de patógenos. Sin embargo, la concentración de interacciones de polinizadores en los pocos parches naturales de flores en estos paisajes intensivos podría aumentar el riesgo de exposición a patógenos. Los cultivos de floración masiva son, de hecho, centros de infección, ya que atraen a numerosos polinizadores; además, la exposición a pesticidas en estos cultivos puede debilitar las defensas inmunitarias de los polinizadores, aumentando la carga y virulencia de los patógenos. Por otro lado, la escasez de recursos florales puede afectar la salud de los polinizadores al limitar su ingesta de nutrientes, comprometiendo su resistencia a los patógenos.

La transmisión de enfermedades a través de las flores resulta de una compleja interacción entre las características de las especies, la estructura de las redes planta-polinizador (capítulo 5) y los factores inducidos por la actividad humana, que pueden interactuar de manera sinérgica o antagonista. Aunque distintos estudios han aportado información valiosa sobre aspectos individuales, aún persisten muchas incógnitas, especialmente en relación con cómo estos factores interactúan y los mecanismos específicos que impulsan los cambios en los huéspedes. Un reciente trabajo acaba de mostrar que la transmisión de virus entre polinizadores a través de las flores se ve reforzada por los cambios en el uso del suelo y la subsiguiente alteración de las redes de polinización; la carga viral resultó ser más de diez veces mayor en las abejas melíferas que en las silvestres y, en estas últimas, la carga viral fue también más alta cuando compartían recursos florales con las melíferas, sugiriendo que estas actúan como reservorios de virus (Maurer *et al.*, 2024).

A medida que el cambio ambiental causado por el ser humano se intensifica, es probable que aumente el riesgo de nuevas interacciones y epidemias entre plantas, polinizadores y patógenos. Dada la complejidad y variabilidad de estos procesos, la investigación futura debe considerar una amplia gama de paisajes, climas y circunstancias locales para entender mejor cómo las dinámicas de los patógenos de los polinizadores responden a las presiones antropogénicas en diferentes escalas espaciotemporales. Esta interacción entre las presiones del cambio global puede modificar los grupos de polinizadores y las interacciones entre especies, aumentando el riesgo de patógenos emergentes y epidemias a nivel poblacional o comunitario.

Finalmente, otro grupo de especies introducidas que no son polinizadoras son los insectos invasores, que pueden alterar la dinámica de los patógenos de varias maneras. Pueden transmitir patógenos directamente a especies vegetales compartidas, imponer una nueva presión de depredación sobre las poblaciones de polinizadores (por ejemplo, la invasión de la avispa asiática, *Vespa velutina*, está causando una gran disminución en las colonias de abejas melíferas en muchos lugares del mundo, incluido nuestro país) o reconfigurar las comunidades vegetales al actuar como herbívoros. Estos cambios en las redes tróficas pueden a su vez afectar la circulación de patógenos y los procesos interespecíficos, como la facilitación y la competencia, regulando así la dinámica de las enfermedades.

¿Cómo les afecta el cambio climático?

Existen distintos mecanismos mediante los cuales el cambio climático afecta a los polinizadores. Por un lado, se producen cambios en la fenología de las especies, tanto de plantas como de animales, lo que puede provocar un desajuste temporal de la floración de las plantas y la actividad de los polinizadores. Por otro, pueden tener lugar desplazamientos en las áreas de distribución de las especies de polinizadores y el subsiguiente desajuste espacial con las plantas con las que interactúan. Además, el aumento de temperatura afecta de forma directa sobre la actividad de forrajeo, el tamaño corporal o la longevidad de muchos insectos, incluidos los polinizadores, y también sobre la calidad de los recursos; por ejemplo, sobre la relación entre el carbono y el nitrógeno en las plantas o sobre la cantidad y calidad del polen y néctar producido por las flores.

Hay que considerar también que el cambio climático lleva asociados otros fenómenos, como el aumento de la frecuencia de eventos extremos (por ejemplo, grandes incendios, olas de calor) y cambios en los regímenes de precipitación. Por último, es también importante tener en cuenta que el cambio climático no influye sobre las especies de forma independiente de los otros componentes del cambio global, como la pérdida y fragmentación del hábitat o las invasiones biológicas, tal como se ha mostrado en un buen número de estudios. En este apartado desarrollaremos brevemente cada uno de estos puntos.

Desajustes temporales

Debido al aumento de las temperaturas o a cambios en las precipitaciones, las plantas pueden florecer más temprano o más tarde de lo habitual. Por ejemplo, un invierno más cálido puede hacer que las plantas de floración primaveral florezcan antes de que aparezcan los polinizadores. Por su lado, los insectos polinizadores son también sensibles a los cambios de temperatura, ya que responden a requisitos específicos de grados-día y a veces necesitan pasar por periodos fríos invernales.

Además, la floración de las plantas también depende del foto-periodo, es decir, la cantidad de tiempo al día en que están expuestas a la luz, con respuestas que varían según la especie; así, algunas plantas adelantan su floración mientras que otras la retrasan. Ello genera un desajuste en la sincronización entre plantas y polinizadores, lo que suele resultar en una reducción del periodo de superposición más que en un desajuste comple-to. En el caso de que no haya insectos suficientes para polinizar las flores, se verá afectada la producción de frutos y semillas. A su vez, los polinizadores pueden verse también afectados por una falta de recursos, sobre todo en aquellos casos en que son muy especializados y dependen de plantas concretas.

Desajustes espaciales

El cambio climático está reorganizando las distribuciones geográficas de las especies, afectando las probabilidades de encuentro entre ellas y conduciendo al desacoplamiento espacial de las interacciones bióticas, incluidas las interacciones planta-polinizador. Algunas especies de plantas pueden desplazarse a nuevas áreas donde las condiciones climáticas son más favorables para su crecimiento, mientras que sus polinizadores pueden no acompañarlas si no pueden adaptarse al nuevo clima o si no tienen la capacidad de desplazarse con la misma facilidad. Esto puede resultar en una falta de coincidencia geográfica entre las plantas que florecen y los polinizadores que las fertilizan.

Los cambios más evidentes en las distribuciones de las especies que promueve el calentamiento global son: 1) desplazamientos hacia latitudes más altas (hacia los polos); 2) expansión de especies adaptadas al aumento de temperatura, y 3) severas contracciones del rango restringido de algunas especies, como la biota de alta montaña. La frecuencia y las consecuencias de estos desajustes espaciales probablemente se agravarán si los cambios en la distribución de las especies no son aleatorios, sino que están determinados por características generales de las especies, como el tamaño corporal o la movilidad, lo que posiblemente impactará a unos grupos más que a otros.

Efectos directos del aumento
de la temperatura sobre los polinizadores

El aumento de temperatura afecta directamente la actividad metabólica de los polinizadores, aunque este aspecto ha sido poco estudiado. Insectos como abejas y abejorros, que son endotermos mientras están activos —es decir, regulan su temperatura interna de manera independiente de la temperatura del ambiente mediante procesos fisiológicos—, pueden beneficiarse de temperaturas más altas al reducir el gasto metabólico asociado con la termorregulación. Algunos estudios han mostrado como la abeja de la miel eleva su temperatura corporal para aumentar la absorción de néctar, gracias a temperaturas ambientales más altas. Sin embargo, las temperaturas demasiado altas (calor extremo) suponen un gasto metabólico, ya que las abejas emplean mecanismos de enfriamiento que también requieren energía. Sería interesante saber hasta qué punto se compensa la reducción del gasto bajo una temperatura elevada con la del gasto que supone el enfriamiento bajo una temperatura por encima de un umbral.

Algunas especies están experimentando una reducción progresiva en el tamaño de sus individuos debido al aumento de la temperatura global. Esto se atribuye, según los principios metabólicos, a que una mayor relación superficie-volumen facilita la termorregulación en condiciones más cálidas. En contraste con otras especies de abejas sociales, los abejorros muestran importantes variaciones en el tamaño corporal entre las obreras, y parte de esta variación podría estar relacionada con el cambio climático y el desplazamiento en latitud. Esas diferencias de tamaño pueden traducirse en diferencias en las actividades de forrajeo, ya que, por ejemplo, individuos más pequeños pueden visitar flores también de menor tamaño, modificando pues su amplitud de nicho (rango de condiciones ambientales y recursos que pueden utilizar para sobrevivir, crecer y reproducirse) y sus interacciones con las plantas.

Otra característica de los polinizadores que puede verse afectada por un aumento de la temperatura es el melanismo o exceso de pigmentación oscura. El estudio realizado por Zeuss *et al.* (2014) demostró que la distribución de 366 especies de mariposas europeas se veía influenciada por la coloración y el ambiente térmico, sugiriendo que las especies más oscuras eran las más afectadas por el calentamiento. Esto también podría afectar a abejas y abejorros de color negro, aunque son necesarias más evidencias al respecto.

Cambios en la frecuencia de eventos extremos

Se ha demostrado que el régimen de lluvias es una variable que explica buena parte de la variación en las interacciones entre plantas y polinizadores, en la prevalencia y recambio de las especies en las comunidades planta-polinizador y también en el nivel de especialización en un gradiente latitudinal. La mayor frecuencia e intensidad de las sequías es probable que también tenga efectos en las interacciones planta-polinizador. De hecho, el papel de la aridez ha mostrado ser clave en el desajuste de las épocas de floración de las plantas y la actividad de las mariposas polinizadoras a lo largo de un periodo de 17 años (Donoso *et al.*, 2016). Sabemos que la sequía puede reducir la producción de néctar y polen, lo que probablemente aumente la competencia entre polinizadores. Por el contrario, en condiciones más húmedas, las flores podrían producir un mayor volumen de néctar, haciéndolo más diluido, lo cual podría conllevar cambios en la composición y abundancia de polinizadores. Además, según los recientes informes del Grupo Intergubernamental de Expertos sobre el Cambio Climático (IPCC), se prevé que los eventos meteorológicos extremos aumenten en frecuencia e intensidad, de modo que las precipitaciones extremas y las subsiguientes inundaciones podrían contribuir al declive de especies que anidan en el suelo, como los abejorros y numerosas especies de abejas.

Por otro lado, el cambio climático está provocando un incremento en la frecuencia e intensidad de los incendios. Aunque sabemos que el fuego puede cambiar las distribuciones de especies y las interacciones entre plantas y polinizadores a nivel local, aún estamos lejos de entender bien sus efectos a gran escala. La supervivencia de los polinizadores durante y después del fuego está influenciada principalmente por la ubicación de los nidos y el uso de recursos florales. Son necesarios más estudios sobre los rasgos de voltinismo (número de generaciones por año) y movilidad de los polinizadores, así como sobre los rasgos de las plantas que afectan su respuesta a los incendios. Los polinizadores univoltinos (con una generación anual) que anidan sobre la superficie del suelo pueden ser especialmente vulnerables ante los cambios esperados en el régimen de incendios. Su supervivencia podría mejorarse con una mejor comprensión de los rasgos que ayudan a aprovechar la diversidad del paisaje.

El efecto del cambio climático se ha estudiado en mayor profundidad en mariposas. Aunque ha mostrado tener un efecto mayormente neutro en las poblaciones de algunas especies, con aumentos en algunas áreas y disminuciones en otras, se espera que los eventos climáticos extremos y las sequías futuras tengan un impacto negativo generalizado. En un estudio de Devictor *et al.* (2012) se evaluó el estado de 482 especies de mariposas europeas utilizando datos de monitoreo de distribución y opiniones de expertos, encontrándose que una especie estaba extinta regionalmente y que el 9% estaban amenazadas, 3 en peligro crítico, 12 en peligro y 22 vulnerables. Además, el 10% mostró un declive rápido. Desde entonces, una especie endémica de Madeira se ha extinguido globalmente, pero la falta de datos en Europa del Este podría subestimar las amenazas.

Efectos sinérgicos con otros motores de cambio global

Múltiples factores pueden tener efectos sinérgicos en las comunidades de polinizadores, y es fundamental considerarlos en conjunto para entender cómo responderán los polinizadores y las plantas al cambio global (Goulson *et al.*, 2015; Klein *et al.*, 2017). Por ejemplo, el cambio climático puede aumentar la vulnerabilidad de los polinizadores a las enfermedades y la propagación de patógenos, afectando la distribución y frecuencia de estas enfermedades e introduciendo nuevos agentes infecciosos. Además, las especies invasoras, tanto de plantas como de polinizadores, pueden verse favorecidas por el aumento de temperaturas o cambios en los regímenes de lluvia. Las sequías y la reducción de lluvias primaverales pueden disminuir la abundancia de flores, intensificando la competencia entre polinizadores nativos e introducidos, como se ha observado con el aumento de *Apis mellifera* en Norteamérica y el consecuente descenso de *Bombus* nativos. Este es un claro ejemplo de cómo el clima y las especies invasoras pueden interactuar para reducir las poblaciones locales de polinizadores nativos.

Entender la relación entre los cambios en el uso de la tierra y el clima es crucial para prever y gestionar las poblaciones de polinizadores, así como para asegurar servicios de polinización adecuados. Sin embargo, la mayoría de los estudios se han centrado en los efectos del uso de la tierra o del clima de manera aislada, sin considerar su interacción. Además, las abejas presentan una gran diversidad en cuanto a comportamiento, características fisiológicas e historias de vida, lo que puede hacer que algunas especies sean más resilientes que otras frente a cambios en el uso de la tierra o el clima. Por tanto, es probable que algunas especies de abejas se beneficien de estos cambios, mientras que otras se vean perjudicadas, aunque todavía sabemos pocos sobre las tendencias específicas para cada grupo. También es importante tener en cuenta que los cambios en las prácticas agrícolas derivados del cambio climático pueden afectar significativamente la dinámica entre plantas, polinizadores y patógenos (capítulo 6).

La contaminación lumínica, un problema emergente

El aumento de la luz artificial durante la noche se está convirtiendo en una nueva preocupación para los ecosistemas terrestres, especialmente en el contexto del declive de insectos, un problema que a menudo se ha subestimado. Hay evidencia de que la luz artificial interfiere con el desarrollo, el movimiento, el forrajeo y el éxito reproductivo de diversas especies de insectos, además de incrementar la depredación por parte de insectívoros (Knop *et al.*, 2017). La luz artificial durante la noche puede interferir en el desarrollo de los insectos inmaduros al alterar directamente la actividad de forrajeo nocturno o diurno, o al interferir con la producción de varias hormonas endocrinas, que regulan procesos como los ritmos circadianos y la función metabólica. Una hormona particularmente afectada por la luz ambiental, especialmente la de longitud de onda corta, es la melatonina, que es un antioxidante activo y una señal biológica clave producida principalmente en la oscuridad y se suprime por la luz azul. Investigaciones recientes han demostrado que la luz artificial interrumpe las redes de polinización nocturna, reduciendo significativamente las visitas de polinizadores a las plantas y afectando negativamente su capacidad reproductiva.

Estos hallazgos subrayan la necesidad de comprender y mitigar los efectos de la luz artificial en la polinización y la conservación de la biodiversidad.

CAPÍTULO 5

Evidencias y consecuencias de la pérdida de polinizadores y de sus interacciones con las plantas

Grupos más afectados

El declive de insectos a nivel global puede considerarse "grave", con un 41% de las especies conocidas en peligro de extinción, el doble que el de vertebrados. Se estima que, cada año, alrededor del 1% de las especies de insectos se suman a la lista de "en peligro" (Sánchez-Bayo y Wyckhuys, 2019; Montgomery *et al.*, 2020). Los grupos más afectados son los coleópteros y los lepidópteros, mientras que una de cada seis especies de abejas ha desaparecido regionalmente. Para muchos otros grupos, simplemente no hay información. Los insectos han sido fundamentales para los ecosistemas desde el periodo Devónico, hace casi 400 millones de años. Sin cambios en las prácticas de producción de alimentos, muchos insectos enfrentan la extinción en unas pocas décadas, con consecuencias catastróficas para los ecosistemas.

Respecto a los insectos polinizadores, faltan estimaciones a gran escala sobre cómo el cambio global afecta a su distribución. La información actual proviene principalmente de estudios de campo a corto plazo (<5 años) y en pocas ubicaciones. A nivel global, solo existen datos generales sobre diversidad y composición de especies, que no son suficientes para detectar deficiencias en la polinización o establecer objetivos estratégicos internacionales, como los de la Convenio sobre la Diversidad Biológica (CDB)[4]. En Reino Unido, se han estimado tendencias para 353 especies de abejas y sírfidos entre 1980 y 2013, observándose una gran variabilidad entre especies, con una notable pérdida del 55% en especies raras y en hábitats específicos, como tierras altas; por el contrario, las especies de polinizadores de cultivos aumentaron en un 12% (Powney, White y Keil, 2019). Estos resultados sugieren un deterioro en la biodiversidad y el servicio de polinización para especies no cultivadas.

Un estudio reciente (Zattara y Aizen, 2021) analizó registros de abejas en la base de datos GBIF (Infraestructura Mundial de Información sobre Biodiversidad) revelando una disminución abrupta en el número de especies reportadas después de la década de 1990, con un 25% menos de especies entre 2006 y 2015 en comparación con el periodo anterior a 1990. Aunque estos datos deben interpretarse con cautela debido a posibles sesgos, subrayan la necesidad urgente de tomar medidas para frenar el declive de los polinizadores.

Como hemos visto en el capítulo 4, la vulnerabilidad a los cambios ambientales varía entre especies de polinizadores y está influenciada por factores como la especialización, movilidad, sociabilidad, lugar de anidamiento, fenología y tasa de reproducción (De Palma *et al.*, 2015; Graham *et al.*, 2024). Las especies especializadas, que dependen de hábitats o recursos específicos, son más susceptibles a los cambios que las generalistas, que pueden adaptarse a diversos entornos. La destrucción y fragmentación del hábitat afectan menos a polinizadores con rangos de vuelo largos, que pueden buscar recursos en hábitats distantes, en comparación con aquellos con rangos cortos. En las abejas, el tamaño corporal también influye en la vulnerabilidad al aislamiento del hábitat; así, las abejas sociales suelen ser más vulnerables que las solitarias debido a su mayor tamaño y persistencia de sus colonias.

---

4. Véase https://n9.cl/8lu09.

En entornos urbanos se ha visto que las abejas solitarias son más comunes en áreas periurbanas, mientras que las sociales se encuentran principalmente en zonas urbanas centrales. Se ha comprobado también que cambios extremos en el uso del suelo, independientemente de su tipo, suelen tener efectos muy negativos en los polinizadores, mientras que cambios leves o moderados muestran pocos efectos o incluso pueden ser positivos (Millard *et al.*, 2021). De hecho, los paisajes agrícolas extensivos pueden ser buenos hábitats para muchas especies de polinizadores, al igual que las áreas urbanas o suburbanas. Los cambios antropogénicos del suelo más comunes son la conversión de hábitat natural a usos agrícolas, ganaderos y urbanos.

Consecuencias de la agricultura

La conversión de áreas naturales en tierras de cultivo altera significativamente la cantidad y calidad de los recursos florales y de anidación, ambos esenciales para los polinizadores. Sin embargo, el impacto de esta transformación varía dependiendo del tamaño, tipo y diversidad de los cultivos, así como de las prácticas agrícolas empleadas (por ejemplo, rotación de cultivos, mantenimiento de vegetación ruderal en la agricultura ecológica). Además, se ha comprobado que la proximidad de los cultivos a áreas naturales o seminaturales aumenta tanto el número de visitas como la diversidad de polinizadores, un efecto que se ve reforzado en paisajes agrícolas más heterogéneos. Estos beneficios son especialmente relevantes para los monocultivos intensivos, los cuales ofrecen menos recursos en comparación con los cultivos diversificados. No obstante, la diversificación de los cultivos por sí sola no garantiza una polinización óptima; es necesario complementarla con otras prácticas que favorezcan a los polinizadores (Miñarro, García y Martínez, 2018).

Las prácticas agrícolas intensivas, como el uso de herbicidas y fertilizantes inorgánicos, tienden a reducir los hábitats y recursos florales disponibles para los polinizadores, especialmente en paisajes simples y homogéneos. Por el contrario, la agricultura ecológica ha demostrado tener efectos positivos, particularmente en paisajes más complejos. Todo ello sugiere la existencia de efectos sinérgicos entre estas presiones ambientales.

Consecuencias de la ganadería

El pastoreo de ganado modifica el entorno vegetal a través de la herbivoría, el pisoteo y la fertilización del suelo con excrementos, afectando así la densidad y diversidad de flores disponibles para los polinizadores. Este proceso también reduce la estructura de la vegetación, disminuye la estabilidad del suelo y aumenta tanto la compactación del terreno como las áreas de suelo desnudo. Además, el pisoteo del ganado afecta directamente a los polinizadores, aumentando su mortalidad y destruyendo sus nidos, o indirectamente al reducir la disponibilidad de refugios en la vegetación. El impacto del pastoreo en los polinizadores varía según el grupo de insectos debido a sus diferentes necesidades de forrajeo y anidamiento; por ejemplo, el pastoreo puede crear áreas de suelo desnudo que favorecen a los polinizadores que anidan bajo tierra. Además, el impacto puede ser tanto positivo como negativo, dependiendo de factores como el momento y la intensidad del pastoreo.

Existe evidencia de que el pastoreo puede reducir la abundancia y diversidad de abejas, mariposas, escarabajos y sírfidos, principalmente debido a los efectos negativos de la herbivoría sobre las comunidades florales. El pastoreo también ha demostrado tener un impacto indirecto negativo en la fecundidad de las plantas debido a la pérdida de polinizadores, aunque algunos estudios atribuyen este efecto a la reducción de la densidad de plantas causada por el forrajeo. No obstante, en ciertos casos, el pastoreo puede favorecer la polinización y la reproducción de ciertas plantas al reducir la competencia con otras especies o crear hábitats más diversos que pueden atraer más polinizadores.

Consecuencias de la urbanización

La urbanización causa cambios irreversibles en el hábitat natural, afectando negativamente a los polinizadores al reducir la vegetación, aumentar las áreas pavimentadas y promover la homogeneidad biológica con especies alóctonas (no nativas). Además, las actividades urbanas alteran las condiciones microclimáticas, generando "islas de calor", aparte de promover contaminación lumínica, del aire y del suelo. En áreas urbanas, la mortalidad por colisiones y la exposición a pesticidas es también mayor. Todo ello tiende a reducir la diversidad y abundancia de polinizadores como abejas, avispas, abejorros, mariposas, sírfidos y polillas.

La intensidad de la urbanización tiene un impacto significativo en la diversidad y abundancia de polinizadores, aunque su efecto es difícil de caracterizar debido a la gran heterogeneidad que existe dentro de las áreas urbanas. Las presiones humanas asociadas a estas zonas afectan de manera diferente a los polinizadores, dependiendo de sus características. Algunas especies son particularmente sensibles a la urbanización, mientras que las condiciones climáticas propias de estos entornos pueden favorecer a especies termófilas (capaces de sobrevivir en ambientes con altas temperaturas) y xerotérmicas (adaptadas a sobrevivir en condiciones extremas de falta de agua).

En términos generales, la urbanización tiende a beneficiar a las especies generalistas, capaces de adaptarse a una mayor variedad de recursos y hábitats. Sin embargo, niveles extremos de urbanización suelen reducir significativamente la diversidad de polinizadores. Esto genera redes de interacción (véase el siguiente apartado) planta-polinizador más simples, pero con mayor conectividad. Aunque esta conectividad podría facilitar ciertas funciones, también aumenta el riesgo de transmisión de enfermedades, especialmente cuando se combina con otras presiones propias de los entornos urbanos.

En algunas áreas urbanas, la disponibilidad constante de recursos florales proporcionados por plantas ornamentales no nativas puede estabilizar la abundancia de polinizadores e incluso superar en diversidad a las áreas agrícolas (Wenzel *et al.*, 2020). Esto demuestra cómo las características específicas de los entornos urbanos pueden moldear las comunidades de polinizadores, destacando la importancia de una gestión adecuada para favorecer la coexistencia de biodiversidad en ciudades.

Consecuencias del cambio climático

Las respuestas fenológicas al aumento de temperatura varían significativamente entre especies, y todavía se sabe poco sobre la prevalencia de la disrupción en las interacciones entre plantas y polinizadores debido al cambio climático, así como sus consecuencias para la producción de semillas y las poblaciones de polinizadores. Algunos estudios sugieren que los desajustes temporales en la polinización son poco comunes, mientras que otros han mostrado que una alta diversidad de polinizadores puede mantenerlos a nivel comunitario, al compensarse las respuestas fenológicas (temporales) diferentes entre especies. Además, los polinizadores especialistas en el uso de recursos han mostrado ser igualmente vulnerables a las asincronías fenológicas que los generalistas. Un estudio de Burkle, Marlin y Knight (2013) realizado en una comunidad forestal de Illinois atribuye la desaparición del 50% de las especies de polinizadores tras 120 años en gran parte a estos desajustes temporales en las interacciones planta-polinizador.

Los modelos teóricos predicen que estos desajustes temporales podrían reducir recursos florales para muchos polinizadores, generando cascadas de extinción. Sin embargo, la flexibilidad conductual de polinizadores generalistas y su forrajeo adaptativo podrían mantener la diversidad y estabilidad de las redes ecológicas. Es posible también que algunas especies puedan adaptarse evolutivamente a los cambios ambientales, frenando estas extinciones. No obstante, la velocidad del cambio climático probablemente supere la capacidad de adaptación de muchas especies.

Además, se prevé que el cambio climático afecte el tamaño corporal de los polinizadores, siguiendo la regla de Bergmann, que indica que los organismos tienden a ser más grandes en climas fríos y más pequeños en climas cálidos. Estos cambios en el tamaño corporal podrían influir significativamente en la eficacia de la polinización, ya que el tamaño de los polinizadores puede afectar su capacidad para recolectar y transportar polen.

Por otro lado, los desajustes espaciales en la distribución de las especies debidas al cambio climático pueden alterar la dinámica de las interacciones ecológicas, favoreciendo a algunas especies sobre otras. Esto puede alterar la estructura y el funcionamiento de las redes de interacción, con consecuencias impredecibles para la estabilidad y resiliencia de los ecosistemas. La información disponible sobre la distribución de polinizadores a lo largo de gradientes de altitud o latitud, que reflejan la influencia de la temperatura, permite inferir cómo el calentamiento climático podría afectar a los ensamblajes de polinizadores. Por ejemplo, mientras que las abejas predominan en climas cálidos y secos, los dípteros tienden a ser más abundantes en climas fríos y húmedos. Esto sugiere que tanto la composición como la abundancia de los polinizadores pueden cambiar con el calentamiento global y la disponibilidad de agua. Por otro lado, los cambios en las áreas de distribución no siempre son viables cuando los desplazamientos hacia latitudes más altas se ven impedidos por barreras geográficas o la falta de hábitats adecuados. Del mismo modo, las posibilidades de desplazamiento en altitud en las montañas están limitadas tanto por la altura del sistema montañoso como por los cambios en el sustrato, ya que en las zonas de alta montaña predomina la roca desnuda y la disponibilidad de suelo es reducida.

Un grupo importante de polinizadores que ha mostrado haber perdido parte de su distribución en el límite sur, con una retracción promedio de 300 km, es el de los abejorros, presentes en Norteamérica y Europa. Estos polinizadores también han mostrado desplazamientos hacia mayores altitudes, con un aumento de aproximadamente 300 m desde 1974, siendo más pronunciados en Europa, probablemente debido a la orientación predominante de los sistemas montañosos de este a oeste (Obeso y Herrera, 2018). En la cordillera Cantábrica concretamente, este grupo de polinizadores está cambiando sus distribuciones y alguna especie de *Bombus* incluso parece haberse extinguido regionalmente. Además, la amplitud del rango de distribución altitudinal se ha reducido significativamente para la mayoría de las especies, dado que estos cambios en la altitud media se deben principalmente a un aumento en los límites inferiores de distribución, mientras que los límites superiores permanecen prácticamente sin cambios.

También es destacable que las especies de *Bombus* más generalistas desde el punto de vista trófico se están haciendo particularmente abundantes, sobre todo en altitudes medias y altas, en detrimento de las más especialistas (con probóscides largas). Esto está provocando un fenómeno de homogeneización en la comunidad de abejorros a lo largo del gradiente altitudinal no solo en la diversidad de especies, sino también en la diversidad funcional (trófica). Desafortunadamente, estamos todavía lejos de comprender bien las repercusiones de esta homogenización biótica en la polinización de las plantas de la región y sus posibles efectos en la estructura de la comunidad vegetal.

Además de influir sobre los polinizadores (actividad metabólica, tamaño de los individuos, melanismo), la temperatura influye directamente en sus recursos alimenticios, concretamente en la producción de néctar, tanto en cantidad como en calidad. Es sabido que la temperatura afecta la concentración de sacarosa en el néctar debido a la evaporación del agua de la solución, lo que puede alterar la cantidad de flujo de néctar a través de las probóscides y, en última instancia, influir en el comportamiento alimentario de los polinizadores. Como es de esperar, el efecto de la temperatura sobre la cantidad y calidad del néctar (concentración de azúcares y viscosidad) no es independiente de los efectos de la humedad y la disponibilidad de agua que tiene la planta, por lo que hay que considerar estos factores a la hora de diseñar experimentos que permitan separar sus efectos.

Es importante destacar que la mayoría de estos estudios se han centrado en el hemisferio norte y en climas templados, siendo necesario investigar más en áreas tropicales y subtropicales. Además, la información está sesgada hacia los insectos, especialmente a los lepidópteros, abejorros y abejas domésticas, en comparación con otros grupos de polinizadores, como los dípteros y muchas especies de abejas solitarias, o con los vertebrados (aves, murciélagos, reptiles). Por otro lado, gran parte de la información actual se basa en observaciones y correlaciones, careciendo de estudios experimentales que aíslen los efectos del cambio climático de otras variables ambientales y antropogénicas. Para entender mejor estos impactos, es crucial realizar experimentos que eliminen otras posibles explicaciones. Por ejemplo, trasladar colonias de polinizadores a áreas con diferentes condiciones de temperatura y altitud puede ayudar a revelar cómo se adaptan a distintos entornos.

Impacto de los incendios sobre los polinizadores

Hasta 2019 no se realizó la primera evaluación a nivel mundial sobre la respuesta de los polinizadores ante el fuego (Carbone *et al.*, 2019), encontrándose que las poblaciones de polinizadores tienden a aumentar tras un incendio, especialmente en las etapas tempranas de la recuperación posincendio. Sin embargo, el análisis también mostró que una frecuencia alta de incendios puede tener el efecto contrario, reduciendo la cantidad de polinizadores, especialmente de mariposas. Dado que esos hallazgos indican que el régimen de incendios desempeña un papel fundamental en la dinámica de las comunidades de polinizadores, y ante los cambios actuales en el régimen de incendios a nivel mundial, es crucial monitorear los polinizadores después del fuego en una amplia gama de ecosistemas e investigar las respuestas de distintos taxones, ya que todavía existe relativamente poca información al respecto.

Impacto de la abeja de la miel
sobre los polinizadores silvestres

En los últimos 50 años, el aumento significativo de las colonias de abejas melíferas en la cuenca mediterránea ha provocado cambios notables en las comunidades de polinizadores. Un estudio reciente de Herrera (2020) revela que, a medida que la densidad de abejas melíferas ha crecido, la participación de las abejas silvestres en la polinización floral ha disminuido, tanto en hábitats naturales como antropogénicos. Hace medio siglo, las abejas silvestres dominaban la polinización, mientras que actualmente ambas tienen una presencia similar, lo que sugiere una competencia creciente entre ambas.

La apicultura intensiva no solo genera altas densidades locales de abejas melíferas, sino que puede provocar una reducción del tamaño, la biomasa y la reproducción de las abejas silvestres, especialmente en condiciones de recursos limitados, climas desfavorables o paisajes homogéneos. Esto es preocupante ya que podría afectar negativamente la producción de frutos y semillas de muchas plantas mediterráneas, pues las abejas melíferas solo pueden complementar los servicios de polinización proporcionados por los insectos silvestres, pero no reemplazarlos por completo. Desde una perspectiva conservacionista, es necesario evaluar si los beneficios de introducir abejas melíferas para la polinización se ven superados por los efectos negativos que puedan tener sobre los polinizadores silvestres.

¿Cómo estudiamos los efectos de las pérdidas a nivel de comunidad? Las redes de polinización

Las comunidades de polinizadores están formadas por plantas con flores y sus polinizadores que interactúan entre sí formando redes ecológicas. Estas redes proporcionan una herramienta conceptual poderosa para comprender la influencia del cambio ambiental en las comunidades (Bascompte y

Scheffer, 2023). Dicha influencia puede ocurrir debido a cambios en la composición de especies, en las interacciones realizadas entre las especies o en los procesos coevolutivos que dan forma a las interacciones entre especies. Una propiedad característica de las redes de polinización es su *estructura anidada*, lo que significa que las especies especialistas tienden a interactuar con un núcleo compuesto por sus "socios" más generalistas. Mediante modelos teóricos, se ha demostrado que las comunidades de polinización anidadas suelen sostener una alta biodiversidad y permanecen estables ante perturbaciones aleatorias cuando se comparan con sus contrapartes aleatorias.

Figura 3
Las interacciones entre plantas y polinizadores configuran redes complejas de beneficio mutuo. La figura ilustra las interacciones entre distintas especies de plantas (con morfologías florales diferentes) y sus polinizadores (pertenecientes a distintos grupos funcionales) en un sistema hipotético. La abeja sería la especie más generalista (visitando una mayor diversidad de plantas), mientras que el pájaro sería la más especialista (conectando con una sola especie de planta). De igual manera, hay plantas más generalistas que atraen a una mayor diversidad de polinizadores y otras que solo son visitadas por una o pocas especies.

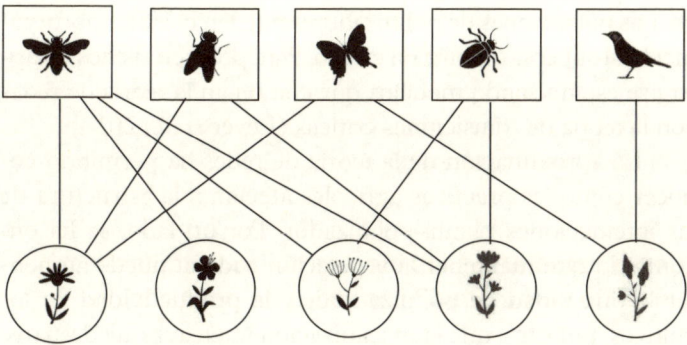

Fuente: Elaboración propia.

Además de la anidación, otra característica de las redes es la conectancia; una red más conectada es más resistente a pérdidas de especies, aunque por otro lado puede implicar una mayor facilidad para que un patógeno se pueda expandir en la comunidad. La desaparición de especies en comunidades de plantas y polinizadores puede ocurrir de forma escalonada, a veces provocando la extinción de otras especies en cadena, pero en general, la pérdida será gradual y no repentina. La capacidad de los polinizadores para cambiar a flores alternativas si una flor preferida no está disponible podría prevenir el colapso de una población de polinizadores el tiempo suficiente para que una especie de planta preferida recolonice el sitio. En general, el forrajeo adaptativo de los polinizadores puede aumentar la persistencia y la robustez de la comunidad frente a la pérdida de especies.

La capacidad de las comunidades para ser estables depende, en parte, de la conservación y variabilidad de rasgos dentro de las poblaciones, lo que puede mitigar, por ejemplo, desajustes fenológicos. Además, el efecto del recableado de la red (cambios de interacciones entre las especies) a través del forrajeo adaptativo depende de la variabilidad temporal y espacial de las interacciones. La evidencia empírica sigue siendo limitada y la comprensión teórica aún incompleta sobre cómo los cambios de comportamiento, los flujos entre comunidades y la variabilidad de rasgos interactúan para reducir dicho riesgo. Las poblaciones de polinizadores pueden colapsar abruptamente al superar un umbral crítico. Para predecir dichos colapsos, se están usando modelos que combinan la teoría de redes con la teoría de transiciones críticas (Lever *et al.*, 2014).

La aproximación de la teoría de redes ha permitido conocer cómo las prácticas agrícolas afectan a la estructura de las interacciones planta-polinizador. Por un lado, se ha encontrado que mantener la vegetación ruderal puede aumentar la diversidad de polinizadores y la productividad de los cultivos; por otro, que la mecanización intensiva que destruye la vegetación puede simplificar las redes y favorecer a ciertas especies, como *Apis mellifera*. La calidad y heterogeneidad del paisaje agrícola también influyen en la estructura de las redes de polinización, con áreas más diversas y ricas en flores promoviendo redes más complejas y conectadas.

Invertebrados que actúan como polinizadores de las flores: abejas (arriba y abajo izquierda) y dípteros, algunos de los cuales imitan a las abejas —de la familia de los sírfidos— (abajo derecha).

Fuente: Anna Traveset (arriba y abajo derecha) y Nick Owens (abajo izquierda).

Las avispas (arriba) y los coleópteros (abajo)
son otros invertebrados polinizadores.

Hormigas (arriba) y ortópteros (abajo).

Mariposas, tanto diurnas como nocturnas.

Fuente: Maties Rabassa (arriba) y Anna Traveset (abajo).

Entre los polinizadores vertebrados, los principales son murciélagos.

Los reptiles polinizadores sobre todo son lagartijas y gecos.

Dentro de las aves, los colibríes son los más conocidos.

Fuente: Anton Pauw.

Los hoteles de abejas se han popularizado como una estrategia efectiva para fomentar la biodiversidad de abejas solitarias, especialmente en entornos humanizados o urbanos donde los hábitats naturales escasean. Las abejas que más ocupan estos hoteles suelen ser las albañiles (*Osmia*) y las cortadoras de hojas (*Megachile*). Al proporcionar sitios de anidación, estos hoteles ayudan a aumentar sus poblaciones locales, lo que a su vez apoya la polinización en jardines, campos y áreas urbanas.

FUENTE: ANNA TRAVESET.

El efecto del pastoreo sobre la estructura y dinámica de las redes de interacción aún no está completamente definido, pero diversos estudios han proporcionado hallazgos interesantes. Algunos encuentran que el pastoreo aumenta el tamaño, la diversidad y la generalización de las redes, mientras que otros observan una menor diversidad y generalización en áreas con niveles intermedios de pastoreo. La variabilidad en los resultados puede deberse a diferentes contextos regionales y a la presencia de distintos tipos de herbívoros. Por ejemplo, en algunas regiones mediterráneas, mantener un nivel moderado de pastoreo por vacas, ovejas o cabras puede ser importante para preservar la complejidad y diversidad biológica de las comunidades locales. Las especies generalistas y las plantas con flores abundantes desempeñan un papel crucial en la reconfiguración de estas comunidades ante los cambios ambientales. Esto subraya la importancia de comprender cómo estos cambios están influenciados por las actividades humanas y cómo afectan la capacidad de adaptación de los ecosistemas frente al cambio global.

Aunque el conocimiento sobre los efectos de la urbanización en las redes de interacciones entre polinizadores y plantas aún es limitado, datos preliminares permiten vislumbrar algunos patrones. Las áreas verdes urbanas tienden a tener redes planta-polinizador menos especializadas y más ricas en especies de visitantes florales generalistas en comparación con áreas naturales o tierras de cultivo cercanas. Esto podría atribuirse en parte a la presencia de plantas no nativas en entornos urbanos que atraen a polinizadores generalistas. Como resultado, la urbanización parece promover una mayor homogeneización funcional de los polinizadores. Experimentos realizados con comunidades de plantas en diferentes localidades urbanas han mostrado que las redes de polinización en entornos urbanos presentan menos interacciones totales y una distribución más uniforme de estas en comparación con áreas menos urbanizadas. Esto sugiere que la urbanización tiende a simplificar las redes de interacción planta-polinizador, posiblemente debido a la fragmentación del hábitat y a cambios en la disponibilidad y diversidad de recursos florales.

¿Cuáles son los cultivos más afectados por las pérdidas?

Los cultivos más afectados por la pérdida de polinizadores son aquellos que dependen en gran medida de ellos para una reproducción exitosa. Estos incluyen una amplia variedad de frutas, como manzanas, cerezas, fresas, arándanos, melones y aguacates, cuya polinización es fundamental para el desarrollo adecuado de sus frutos. Además, ciertos vegetales como pepinos, calabazas, tomates y calabacines requieren la visita de polinizadores para producir frutos de alta calidad y rendimiento. La producción de frutos secos, como almendras, nueces y pistachos, así como las semillas oleaginosas como girasoles, también dependen en gran medida de la polinización por insectos. En estos cultivos, la transferencia de polen es esencial para la formación adecuada de semillas, y la ausencia o disminución de estas poblaciones puede resultar en una disminución significativa de los rendimientos, una baja calidad de los productos y una menor diversidad genética de las plantas (lo que las hace menos adaptables a futuros cambios en las condiciones ambientales).

A pesar de ello, existen todavía pocos datos empíricos que muestren en qué medida la polinización por insectos limita realmente la producción actual de estos cultivos, así como el papel de las especies silvestres (en contraposición a las abejas melíferas gestionadas) en la polinización de los cultivos, especialmente en áreas de producción intensiva. Un estudio llevado a cabo a nivel nacional en siete cultivos (de arándano, cereza dulce, cereza ácida, almendra, manzana, calabaza y sandía) y en 131 ubicaciones en las principales zonas productoras de cultivos de Estados Unidos mostró que cinco de esos cultivos presentaban evidencia de limitación de polinizadores (Reilly *et al.*, 2020). Además, se encontró que tanto las abejas silvestres como las melíferas proporcionaban cantidades comparables de polinización para la mayoría de los cultivos, incluso en regiones agrícolas intensivas, por lo que su disminución podría resultar en menores rendimientos para la mayoría de los cultivos analizados. Desde una perspectiva económica, se estimó que los polinizadores silvestres contribuyen anualmente con más de 1,5 mil millones de dólares a la producción nacional de esos siete cultivos analizados.

Otro estudio reciente destaca que la polinización de cultivos requiere una mayor diversidad de especies de abejas a lo largo del tiempo, debido a los cambios en la composición de especies y a la variabilidad en la abundancia de las más importantes (Lemanski, Williams y Winfree, 2022). Aunque ciertas especies pueden ser dominantes en un momento dado, su identidad varía con el tiempo, subrayando la importancia de la biodiversidad como un seguro frente a las fluctuaciones en la función ecosistémica. Una revisión también reciente (Artamendi *et al.*, 2024) muestra que la disminución en la diversidad de polinizadores afecta la producción de semillas, la de frutos y el peso de los mismos, aunque el efecto tiende a ser menor en las plantas cultivadas que en las silvestres. Esta revisión también ha mostrado que la pérdida de polinizadores invertebrados, nocturnos o silvestres, tiene un impacto mayor que el de la pérdida de vertebrados, diurnos o polinizadores domesticados.

El caso de las islas: escasez de polinizadores y mayor vulnerabilidad a perturbaciones antrópicas

La escasez de polinizadores en las islas puede atribuirse a varios factores, entre ellos la limitada disponibilidad de hábitats, la reducida biodiversidad, el aislamiento y la vulnerabilidad a los cambios ambientales. Las islas suelen tener áreas terrestres más pequeñas y hábitats fragmentados en comparación con las regiones continentales, lo que puede limitar la diversidad y abundancia de especies de polinizadores. Además, las actividades humanas como la destrucción del hábitat, la introducción de especies invasoras y el cambio climático pueden amenazar aún más las poblaciones de polinizadores en estos territorios.

Las islas son especialmente vulnerables a la pérdida de polinizadores, ya que muchas plantas endémicas dependen únicamente de ellos para reproducirse. La disminución o extinción de especies de polinizadores puede tener efectos en cascada en esos frágiles ecosistemas, lo que conduce a una reducción en la reproducción de plantas, alteraciones en las interacciones planta-polinizador y, en última instancia, la desestabilización del ecosistema.

Las islas oceánicas han mostrado ser topológicamente más simplificadas, con una diversidad de interacciones planta-polinizador menor y un solapamiento de nicho mayor, que las islas continentales, las cuales son bastante similares a las redes del continente (Traveset *et al.*, 2016). Su grado de aislamiento y su elevación son factores que influyen de forma importante en su complejidad, más incluso que el tamaño de la isla. Las más aisladas y menos elevadas son las más simples y, por tanto, las más vulnerables a la pérdida de polinizadores.

Consecuencias económicas de la pérdida de polinizadores en la productividad de los cultivos

Para medir la contribución de los insectos a la polinización de los cultivos, se compara la producción de frutos y semillas en flores accesibles para polinizadores con aquellas de acceso restringido. Como ya se ha indicado en el capítulo 2, dicho valor se estima entre los 235 000 y 577 000 millones de dólares al año. A nivel europeo, oscila entre 15 000 y 22 000 millones de euros anuales y, a nivel de España, entre 2500 y 3000 millones de euros. Sabemos también que la susceptibilidad de los cultivos a la pérdida de polinizadores varía según el tipo de cultivo, siendo especialmente alta para frutas, verduras, frutos secos y cultivos de aceites comestibles.

El valor estimado resalta la importancia de comprender mejor el impacto de la pérdida de polinizadores en la agricultura y la seguridad alimentaria. En España, los almendros, manzanos, melocotoneros y otros cultivos frutales son especialmente dependientes de la polinización por insectos, con una contribución que puede llegar a superar el 70% de la producción en algunas regiones. Además, sabemos que los insectos polinizadores no solo aumentan la cantidad de frutos, sino también mejoran su calidad; por ejemplo, el contenido en aceite de las semillas de colza o las características de fresas, manzanas y arándanos.

Aunque en las últimas décadas la apicultura ha experimentado un declive tanto en EE UU como en la mayoría de países europeos, el número de colmenas de abejas melíferas a nivel mundial ha aumentado en un 45% desde 1961; sin embargo, la proporción de cultivos agrícolas que dependen de polinizadores está aumentando mucho más rápidamente (>300%), de modo que la demanda de servicios de polinización ha superado ya, en muchas regiones del mundo —incluida Europa—, el aumento en el número de colmenas en las últimas décadas. Esto se debe principalmente al crecimiento en la agricultura intensiva y la expansión de cultivos dependientes de polinizadores, como frutas, verduras y frutos secos (Aizen y Harder, 2009). El desequilibrio entre la demanda de polinización y el suministro de abejas gestionadas destaca la importancia de proteger a los polinizadores silvestres y promover prácticas agrícolas que favorezcan su conservación.

Durante los inviernos más recientes se han perdido entre el 20 y el 30% de las colonias de abejas en diversos países europeos. El ácaro *Varroa destructor* y otras infecciones virales y bacterianas han sido los principales causantes de dichas pérdidas, junto con el uso de neonicotinoides, la pérdida de hábitats naturales y el establecimiento de monocultivos, así como el cambio climático (capítulo 4). Estas pérdidas de las colonias de abejas tienen un impacto directo no solo en la polinización de cultivos, sino también en los ecosistemas naturales, lo que ha acrecentado la preocupación por la sostenibilidad de los servicios de polinización en Europa. En España, la pérdida de polinizadores afectaría negativamente tanto la productividad agrícola como la economía rural, dado que muchas regiones dependen del cultivo de productos agrícolas que requieren polinización. Además, la biodiversidad agrícola es extremadamente rica y la dependencia de los polinizadores varía entre regiones, lo que convierte su protección en un factor esencial para garantizar la estabilidad y sostenibilidad del sector agrícola.

Una colmena saludable de aproximadamente 50 000 abejas puede visitar entre 1 y 5 millones de flores diariamente, dependiendo de factores como el tamaño de la colonia, la disponibilidad de recursos florales y las condiciones climáticas. Cada abeja obrera suele visitar varios miles de flores al día, por lo que la actividad de polinización de una colmena contribuye significativamente a la productividad agrícola además de a la salud de los ecosistemas. Según la Organización de las Naciones Unidas para la Alimentación y la Agricultura (FAO), 71 de los 100 cultivos que proporcionan el 90% de los alimentos en todo el mundo son polinizados por abejas. Además de contribuir a los rendimientos de frutas y semillas, la polinización también es vital para la producción de diversos productos, como ropa, cosméticos, biocombustibles, medicinas, instrumentos musicales y muebles de madera. Por otro lado, especies como las abejas o las mariposas poseen una importancia sociocultural crítica, proporcionando inspiración en áreas como la música, la literatura, la religión y lo espiritual. Por tanto, desde un punto de vista meramente económico, es obvio que proteger a estos insectos es altamente rentable.

Si se considera el volumen total de producción de alimentos, la importancia relativa de la polinización animal es menor (35%), porque aquellos que suministran la mayoría de las calorías y proteínas en la dieta humana global (como los cereales) no necesitan de los polinizadores, ya que se producen por autopolinización, polinización por el viento o partenocarpia (producción de frutos o semillas sin necesidad de fecundación). Sin embargo, los alimentos que proceden de cultivos polinizados por animales son ricos en micronutrientes fundamentales, como vitaminas, antioxidantes y minerales. Así, sabemos que el 98% de la vitamina C, el 71% de la vitamina A, el 100% de algunos carotenoides o el 58% del calcio de la dieta humana global proceden de cultivos polinizados por animales (Eilers *et al.*, 2011). Los polinizadores, pues, tienen una importancia vital no solo para la nutrición, sino también para la salud humana, lo cual les da un valor económico añadido incalculable.

CAPÍTULO 6

¿Cómo de reversible es la pérdida de polinizadores?

La pérdida de polinizadores, aunque compleja y dependiente del contexto, puede ser parcialmente reversible mediante acciones de conservación específicas. Iniciativas como la restauración de hábitats, la creación de corredores que conecten "islas de polinizadores", la reducción del uso de pesticidas y el control de especies invasoras han demostrado ser efectivas. Sin embargo, algunas pérdidas pueden ser irreparables, especialmente si las especies se han extinguido o los ecosistemas han sufrido daños graves.

La transformación de áreas alteradas en hábitats favorables para los polinizadores es posible incluso en paisajes altamente modificados. Acciones pequeñas pero bien diseñadas pueden contribuir significativamente a la recuperación de la diversidad. No obstante, es esencial adaptar estas estrategias a las características de cada ecosistema. Además, la educación y la concienciación pública son fundamentales para mitigar el problema, especialmente ante el aumento de la población humana y la creciente demanda de servicios de polinización. Actuar de manera preventiva es crucial para garantizar la disponibilidad continua de estos servicios en el futuro.

En España y en la región mediterránea en general aún son pocos los estudios o proyectos cuyo objetivo principal sea la recuperación de polinizadores silvestres y la restauración de sus comunidades previamente degradadas. Algunos de los proyectos más destacados en nuestro país son los siguientes:

- Proyecto LIFE Polinizup: financiado por el programa LIFE de la UE, busca conservar polinizadores silvestres en áreas agrícolas promoviendo prácticas sostenibles que protejan sus hábitats y mejoren la biodiversidad.
- Plan de Acción Nacional para la protección de los polinizadores: es una iniciativa del Gobierno español que, en colaboración con agricultores, científicos y diversas ONG, pretende promover la conservación de polinizadores reduciendo pesticidas y fomentando la biodiversidad en áreas agrícolas y urbanas.
- Proyectos de restauración en parques nacionales: en áreas protegidas como el Parque Nacional de Cabrera o las Islas Atlánticas de Galicia se han llevado a cabo estudios para evaluar la importancia de las interacciones de polinización con el fin de promover su conservación y restaurar hábitats críticos para los polinizadores.
- Iniciativas locales y comunitarias: en ciudades como Barcelona y Madrid se han implementado iniciativas para crear espacios verdes favorables para los polinizadores, como la instalación de jardines urbanos con plantas nativas y la creación de "corredores verdes" que conectan hábitats fragmentados.

Para ayudar en la restauración del servicio de polinización, los agricultores o apicultores concienciados y bien formados pueden ser importantes aliados. Como gestores de agroecosistemas, su actividad económica depende en gran medida de la integridad de los ecosistemas y, por tanto, de que existan comunidades de polinizadores saludables que contribuyan a que sus cultivos puedan producir alimentos de calidad y sean económicamente rentables. Por otro lado, colectivos como técnicos de medioambiente, gestores de áreas naturales protegidas, trabajadores de mantenimiento de infraestructuras o planificadores urbanísticos también están involucrados en proyectos de restauración o conservación de hábitats, por lo que su conocimiento y desempeño puede ser clave en el éxito de un proyecto de restauración de polinizadores. Para crear ese nivel de conciencia y sensibilidad ambiental entre los actores involucrados, es necesario, aunque seguramente no suficiente: 1) realizar cursos de formación para que sean conocedores de la problemática y tengan las herramientas para afrontarla; eso incluye también ofrecer alternativas a las prácticas tradicionales dañinas, como es el uso sistemático de plaguicidas en agricultura o las siegas intensivas en el manejo de áreas naturales protegidas o infraestructuras urbanas; 2) potenciar la educación y concienciación ambiental a todos los niveles de la población, pero especialmente a aquellos colectivos cuya actividad económica repercuta en la gestión de estos ecosistemas, y 3) crear sinergias entre los actores involucrados y los responsables del proyecto de restauración. Una buena comunicación de los proyectos de conservación y restauración ambiental resultará en una mayor adopción de buenas prácticas en beneficio de los polinizadores.

Medidas de restauración más efectivas. Conectando hábitats

Para reducir o eliminar las múltiples presiones que afectan a los polinizadores, una estrategia efectiva es incrementar la disponibilidad de flores en las áreas agrícolas, tanto dentro como alrededor de los cultivos, promoviendo la presencia de plantas favorables para ellos y mejorando la gestión de los espacios verdes. La conservación o restauración de hábitats naturales en estas zonas también es fundamental para proporcionar sitios de anidación (Scheper *et al.*, 2013). Introducir elementos como bordes, setos o bosques seminaturales en monocultivos ayuda a romper la homogeneidad del paisaje, beneficiando a los polinizadores. Concretamente, mantener vegetación ruderal en áreas cultivadas ha demostrado ser beneficioso para las comunidades de abejas. Además, la siembra de plantaciones mixtas de flores específicas para atraer polinizadores es una estrategia clave para restaurar y mantener sus poblaciones, ya que muchas especies dependen de plantas hospedadoras particulares, como ciertas mariposas que consumen solo una o pocas especies en su fase larval o abejas que se alimentan de recursos florales específicos. Hoy día sabemos que incrementando la diversidad espacial y conservando hábitats de alta calidad alrededor de los campos agrícolas podemos contrarrestar bastante los efectos negativos de la agricultura intensiva.

Algunos estudios han demostrado que dejar refugios sin segar en praderas gestionadas aumenta la abundancia y riqueza de especies de abejas silvestres, y que posponer la siega tiene un efecto positivo inmediato tanto en dichas abejas como en las melíferas. Incorporar esta sencilla medida en los programas agroambientales convencionales promovería la biodiversidad agrícola y mejoraría los servicios de polinización. Estos programas fomentan prácticas agrícolas sostenibles, ofreciendo incentivos financieros a los agricultores para proteger la biodiversidad, mejorar el suelo, conservar el agua y reducir la contaminación. La agricultura ecológica parece una opción efectiva para conservar los polinizadores, especialmente en paisajes altamente homogéneos o fuertemente alterados.

En cuanto a la gestión ganadera, las decisiones relacionadas con la restauración deben adaptarse a las necesidades específicas de conservación, las comunidades vegetales y las especies de ganado, ya que el impacto del pastoreo en la vegetación varía según el tipo de animal. Estrategias como reducir la densidad de ganado por superficie o alternar áreas de pastoreo extensivo con zonas de descanso temporal pueden beneficiar la diversidad de polinizadores en los pastizales. No obstante, en regiones mediterráneas con una larga tradición de pastoreo de ovejas y cabras es crucial mantener niveles moderados de pastoreo para preservar tanto la biodiversidad como la estructura ecológica del paisaje.

Para permitir la recuperación de los insectos y sus servicios de control biológico, es también crucial reducir el uso de pesticidas, especialmente insecticidas y fungicidas. La implementación del manejo integrado de plagas (MIP) ha demostrado ser igualmente efectiva en la obtención de rendimientos de cultivos, sin los efectos negativos de los pesticidas sintéticos. Además, en muchos sistemas agrícolas del mundo, el control biológico constituye un medio infrautilizado pero rentable para resolver problemas de plagas agrícolas al mismo tiempo que contribuye a conservar la biodiversidad de polinizadores, tanto en el campo del cultivo como en sus alrededores.

En el manejo de agroecosistemas se recomienda aplicar una serie de técnicas que han mostrado no solo que pueden ayudar a potenciar la biodiversidad de polinizadores y conseguir unos cultivos más saludables y resistentes frente a perturbaciones, sino que también pueden contribuir a aumentar la producción agrícola, el rendimiento del cultivo y la obtención de un alimento de mayor calidad. Son las siguientes:

1. *Mejorar la heterogeneidad del hábitat*: la configuración espacial del paisaje es clave para conservar las comunidades de polinizadores. Paisajes heterogéneos, con diversidad de hábitats y plantas, sostienen una mayor biodiversidad que los homogéneos. Para restauraciones, se recomienda diversificar la flora usando especies autóctonas adaptadas genéticamente a la zona. Las plantaciones deben incluir árboles, matorrales y plantas ruderales en los alrededores. Se ha visto que las redes ecológicas entre plantas y abejas solitarias son más complejas y estables en cultivos orgánicos localizados en paisajes heterogéneos. En cultivos degradados o abandonados, la regeneración del hábitat natural puede ser promovida mediante plantaciones selectivas. Diversos estudios han mostrado que los insectos polinizadores distintos de las abejas requieren menos hábitat natural para la polinización de cultivos, lo que sugiere que pueden jugar un papel crucial en la producción agrícola y ser más resilientes ante cambios en el uso del suelo. Así, estos insectos no solo brindan un servicio valioso, sino que

también actúan como respaldo frente a la disminución de las poblaciones de abejas.

2. *Favorecer hábitats de nidificación*: muchas especies construyen sus nidos en galerías, en sustratos como arena, tierra o barro. Esto último es aprovechado especialmente por algunas especies como las avispas alfareras, que construyen nidos muy elaborados y complejos con él. Otras especies simplemente aprovechan pequeños agujeros que encuentran en muros, paredes, troncos de árboles o materia vegetal. Estas características son importantes para considerar en cualquier proyecto de restauración o conservación. Es también recomendable dejar manchas de suelo desnudo sin labrar o sin remover la tierra para no destruir los posibles nidos. Si hay escasez de hábitat de nidificación, como en una zona degradada rodeada de monocultivos o en un contexto urbano donde haya escasez de zonas verdes, también se puede favorecer el hábitat dejando desechos vegetales acumulados como troncos, ramas o montículos de piedras.

3. *Reducir o eliminar el uso de plaguicidas y herbicidas*: aunque esta práctica está enfocada sobre todo a producciones agrícolas, es muy recomendable comprobar que en los alrededores del área objetivo de la restauración no se usen agrotóxicos de manera sistemática, ya que estos tienen la capacidad de contaminar las áreas adyacentes a su aplicación. Si no se elimina esta perturbación, es posible que las acciones de restauración no tengan efecto. En casos en los que sea imposible eliminar el uso de plaguicidas y optar por otras metodologías ambientalmente sostenibles, se debe evitar, en la medida de lo posible, aplicar los aerosoles en la época de floración de las plantas. También hay muchas semillas comerciales que ya vienen tratadas con insecticidas. En caso de realizar siembras selectivas dentro de un proceso de restauración, hay que evitar dichas semillas y buscar otras alternativas.

4. *Rotación y diversificación de cultivos*: como se ha mencionado, la diversidad de hábitats favorece tanto la abundancia

como la biodiversidad de polinizadores, lo cual es aplicable también en terrenos agrícolas. La diversidad de cultivos ofrece a los insectos polinizadores una dieta más rica y variada. Además, si estos cultivos florecen varias veces al año o en diferentes épocas, los beneficios para los polinizadores se incrementan aún más.

5. *Coberturas vegetales*: esta práctica, comúnmente aplicada en cultivos de frutales, consiste en dejar el suelo sin labrar entre los árboles, permitiendo que la vegetación se establezca de manera natural y forme una cubierta vegetal. Tras la temporada de floración y fructificación de las plantas, el campo puede ser segado, lo que permite que sus semillas enriquezcan el banco de semillas del suelo y regeneren la cobertura vegetal para el año siguiente.

6. *Bandas florales*: consiste en dejar una superficie de tierra, en los bordes de los cultivos o entre ellos, donde se deje crecer la flora arvense (ruderal) para que los polinizadores puedan alimentarse y buscar refugio. Estas bandas florales también se pueden potenciar con plantaciones selectivas de plantas y arbustos atrayentes de polinizadores.

Estas prácticas agroecológicas no solo benefician a las comunidades de polinizadores, también se ha demostrado que mejoran el rendimiento de los cultivos y producen frutos de mayor calidad.

Restauración de las redes de polinización

La información proporcionada por las redes de polinización es muy útil en los programas de restauración porque proporciona una comprensión detallada de cómo interactúan diferentes especies de plantas y polinizadores dentro de un ecosistema. Las redes revelan la complejidad y robustez de las interacciones en un sitio restaurado. Una red compleja y bien conectada indica un ecosistema resiliente a las perturbaciones, como el cambio climático o la fragmentación del hábitat, mientras que las redes simplificadas sugieren que la restauración aún está incompleta o que faltan especies clave. De hecho, las redes permiten identificar cuáles son esas especies que "sostienen" a otras, contribuyendo a la biodiversidad de la zona en cuestión. Identificarlas y centrarse en ellas y sus interacciones puede mejorar los esfuerzos de restauración, contribuyendo a la estabilidad de la red y al mantenimiento de la biodiversidad. Además, la aproximación de redes de polinización permite profundizar en la calidad de este proceso ecológico, especialmente cuando estas redes son cuantitativas, al considerar la fuerza de interacción (por ejemplo, cuantificando la frecuencia de visitas de los polinizadores a las flores). Esto, sin duda, ayuda a comprender cómo funcionan los ecosistemas restaurados en términos de interacciones reales entre especies y servicios ecológicos. Adicionalmente, la aproximación de redes permite conocer también cuáles son los polinizadores especialistas (aquellos que únicamente son capaces de polinizar una o pocas especies de plantas) y cuáles generalistas (los que pueden polinizar una gran variedad de especies), información que es de gran utilidad a la hora de hacer planes de restauración, pues permite conocer qué especies plantar en caso de tener la necesidad de potenciar unas poblaciones de polinizadores en particular.

Los pocos estudios de restauración que han monitoreado no solo los polinizadores sino también las interacciones planta-polinizador a nivel comunitario, utilizando un enfoque de red, han encontrado que las redes en los sitios restaurados son significativamente menos complejas, en términos de conectancia de la red (fracción de todos los enlaces potenciales en la red que realmente se realizan) y menos robustas (en términos de resistencia a las perturbaciones) que en los sitios no perturbados. Además, se ha visto que las características del paisaje, como la distancia a parches de hábitat remanentes en buen estado y la presencia de áreas con baja diversidad floral, son factores que disminuyen la diversidad de polinizadores y potencialmente

debilitan la robustez de las redes de polinización. La conectividad del paisaje (red formada por espacios naturales y espacios
seminaturales conectados entre sí), específicamente, parece determinar en gran medida qué polinizadores y qué interacciones
planta-polinizador pueden ser restauradas.

En resumen, las redes de polinización de plantas ayudan a
guiar prácticas de restauración más informadas, efectivas y holís-
ticas, al considerar la intrincada red de interacciones entre especies en lugar de centrarse únicamente en especies individuales.

Los proyectos de restauración que priorizan la restauración de la estructura y la resiliencia de las interacciones entre
plantas y polinizadores están mejor posicionados para crear
ecosistemas sostenibles a largo plazo. A pesar de que estos proyectos requieren plazos más prolongados para completarse, ya
que regenerar las interacciones entre especies es un proceso
más complejo y lento que simplemente recuperar las especies
en sí, el enfoque de redes garantiza ecosistemas más robustos y
resilientes ante futuras perturbaciones. Además, un enfoque de
redes para priorizar especies en las soluciones basadas en la
naturaleza (NBS) refleja la interconexión de las comunidades
ecológicas y las funciones del ecosistema (Rafferty y Cosma,
2024), un paradigma que debe incluir también las dimensiones
humanas de los problemas socioambientales. La coexistencia
de los humanos y la naturaleza en el Antropoceno depende de
entender que el cambio climático y la pérdida de biodiversidad
son problemas tanto sociales y económicos como ambientales.

¿Para qué sirven los 'hoteles' de abejas?

Los llamados hoteles de abejas son refugios artificiales construidos con materiales como madera, cañas, bambú o carrizo,
que imitan los hábitats naturales utilizados por las abejas solitarias para anidar. Estos hoteles ofrecen una variedad de tubos
huecos, cañas y agujeros perforados de diferentes tamaños,
proporcionando espacios ideales para que las abejas encuen-
tren refugio y críen a sus larvas. Su efectividad depende en

gran medida de su ubicación. Es fundamental situarlo en una zona con abundante oferta de flores cercanas, ya que, sin suficiente alimento disponible, las abejas no lo utilizarán. Además, un diseño inadecuado o una excesiva densidad de hoteles pueden favorecer la proliferación de parásitos, patógenos o especies invasoras, lo que podría perjudicar en lugar de beneficiar a las poblaciones locales. Asimismo, si no se les da el mantenimiento adecuado, estos refugios pueden convertirse en focos de depredadores, enfermedades y moho en sus cavidades. Por ello, es esencial realizar una limpieza regular y garantizar una buena ventilación.

Los hoteles de abejas son una herramienta especialmente valiosa para la educación y sensibilización ambiental. No obstante, aún no existe un consenso científico firme (MacIvor y Packer, 2015) que respalde plenamente su eficacia en proyectos de restauración ecológica. Por ello, se recomienda priorizar la creación y conservación de hábitats de anidación naturales antes que la instalación de refugios artificiales, centrando los esfuerzos en mantener entornos propicios para la nidificación. Sin embargo, cuando se combinan con otras estrategias de conservación, como el incremento de la diversidad floral y la reducción del uso de pesticidas, los hoteles de abejas pueden desempeñar un papel complementario en la preservación de polinizadores.

¿Qué son los jardines de polinizadores?

Los jardines de polinizadores se diseñan específicamente para atraer y sostener a una variedad de los mismos, como abejas, mariposas e incluso aves. Se componen de una diversidad de plantas productoras de néctar y polen, con especial énfasis en especies nativas, que están mejor adaptadas al entorno local. Estos jardines proporcionan recursos esenciales a lo largo del año, ofreciendo alimento, refugio y lugares para la anidación. Aunque son comunes en áreas urbanas, también se instalan en zonas agrícolas donde los hábitats naturales son limitados, contribuyendo a mejorar la polinización de cultivos cercanos. Al ofrecer una fuente continua y diversa de recursos florales, no solo apoyan las poblaciones de polinizadores, sino que también benefician a otras especies de vida silvestre, creando un refugio biodiverso.

El éxito de los jardines de polinización depende de si se eligen bien las plantas adecuadas, preferiblemente especies nativas, ya que están mejor adaptadas a las condiciones locales y proporcionan los mejores recursos para los polinizadores locales. Un jardín de polinización bien diseñado, además, debe asegurar que haya flores durante toda la temporada de crecimiento, proporcionando fuentes de alimento consistentes, y debe considerar también el mantener específicamente las plantas hospedadoras de algunos de los polinizadores (como mariposas). Para maximizar los beneficios para los polinizadores, el uso de pesticidas debe minimizarse o eliminarse. La selección de la flora ideal para una plantación de restauración dependerá en gran medida de la ubicación del proyecto y de sus condiciones bioclimáticas específicas. En el momento de elegir las especies más adecuadas, es altamente recomendable contar con el asesoramiento de expertos. El Centro de Investigación Ecológica y Aplicaciones Forestales de Cataluña (CREAF) ha establecido los siguientes criterios para la selección de plantas mediterráneas en un proyecto de restauración de polinizadores:

- Que sean plantas autóctonas y propias de los hábitats cercanos a la zona a restaurar.
- Que tengan un contenido alto en néctar o polen y que sean, por tanto, una importante fuente de recursos alimenticios para los polinizadores.
- Que florezcan en diferentes momentos del año, por lo que el conjunto de todas ellas garantice una fuente de alimento ininterrumpida durante todo el periodo de actividad de los polinizadores.
- Que pertenezcan a varias familias, de modo que en conjunto atraigan una buena diversidad de insectos polinizadores.
- Que sean plantas generalistas, es decir, que puedan ser utilizadas por muchas especies de polinizadores.

- Que se presenten las plantas de manera priorizada para ayudar a la selección final por parte del usuario.

En resumen, los jardines de polinización son una herramienta eficaz y valiosa para fomentar la conservación de polinizadores, impulsar la biodiversidad y aumentar la productividad agrícola. Su impacto en el ecosistema trasciende la simple polinización, al ofrecer hábitats esenciales en paisajes transformados.

Utilidad de las bandas florales en los arcenes de carreteras

Los arcenes de carretera ofrecen hábitats clave para la conservación de polinizadores, gracias a su extensa cobertura territorial y la diversidad de flora y fauna que albergan. Aunque el tráfico vehicular y la contaminación asociada pueden generar daños y mortalidad en estos insectos, diversos estudios indican que los beneficios que proporcionan en términos de recursos florales y hábitat superan significativamente los inconvenientes (Phillips *et al.*, 2020). Varios países europeos han implementado protocolos específicos para su manejo, ya que estos espacios pueden servir como corredores ecológicos importantes para los polinizadores, facilitando su desplazamiento, alimentación y refugio. Una gestión adecuada de los arcenes, que incluya reducir la frecuencia de la siega y minimizar los efectos negativos de la iluminación artificial, puede potenciar aún más su capacidad para sostener a los polinizadores. No obstante, se requiere más investigación para evaluar a mayor escala el impacto de estos hábitats y desarrollar recomendaciones de gestión más precisas y efectivas.

La gestión de los arcenes viales debe optimizar la siega y priorizar los de mayor valor según su tipo y ubicación. Se recomienda sembrar semillas locales, reducir la siega (0-2 cortes anuales) y minimizar la iluminación nocturna para no afectar a los polinizadores. Las obras viales requieren materia orgánica para mejorar la vegetación y fauna asociada. En áreas de alto valor ecológico, la gestión debe adaptarse a la fenología y plantas hospedadoras. Mejorar estos hábitats aporta beneficios ambientales, sociales y económicos, reforzados por la percepción positiva de especies como abejas y mariposas. Para el mantenimiento de estas infraestructuras, es recomendable tomar las siguientes acciones:

- Evitar el uso de herbicidas genéricos en los márgenes de las carreteras, ya que pueden contaminar cultivos y áreas adyacentes, además de filtrarse en el suelo por lixiviación (arrastre de los nutrientes, minerales o sustancias disueltos en el suelo hacia capas más profundas por el agua, generalmente a causa de la lluvia o el riego).
- Si es necesario eliminar parte de la vegetación para reducir el riesgo de incendios o por razones de seguridad vial, se debe realizar de forma mecánica mediante desbroces selectivos, dejando manchas de vegetación sin desbrozar en un patrón alternado. Se recomienda minimizar la frecuencia de los desbroces y evitarlos durante los periodos de máxima floración, especialmente en abril, mayo y junio.

Polinizadores en ambientes urbanos

A diferencia de lo que comúnmente se piensa, las zonas urbanas albergan una notable diversidad de polinizadores (en ciertos casos, incluso más alta que en paisajes agrícolas intensificados). Esto ha impulsado iniciativas de conservación y restauración en estos entornos. Un desarrollo urbano sostenible, que preserve y conecte espacios verdes diversos, puede favorecer la biodiversidad al ofrecer una variedad de hábitats y de distintas especies con flor. Las zonas verdes, como jardines y parques urbanos, desempeñan un papel crucial como refugios para muchos insectos y aves, y acciones como plantar flores atractivas para los polinizadores (especialmente para abejas), instalar estructuras de anidación y utilizar vegetación nativa en los márgenes de carreteras y calles han mostrado ser estrategias efectivas para fomentar la diversidad de polinizadores en áreas urbanas.

Los recientes descubrimientos sobre la capacidad de las ciudades para albergar una diversidad de abejas han promovido iniciativas para su conservación en dichos entornos. Además, estudios recientes sugieren que una urbanización moderada puede beneficiar el éxito reproductivo de ciertas plantas, lo que indica que los servicios de polinización pueden mantenerse efectivos en estos contextos. No obstante, aunque es fundamental fomentar prácticas que favorezcan a los polinizadores, es igualmente importante analizarlas críticamente. La urbanización, si bien puede aumentar la diversidad de algunas abejas, también podría favorecer a especies foráneas, contribuyendo a la homogenización y afectando a las especies nativas. Por ello, resulta esencial implementar un monitoreo riguroso que evalúe tanto la abundancia como la composición de las especies de polinizadores en los entornos urbanos.

Para preservar la diversidad de polinizadores, es crucial tener en cuenta el impacto de la contaminación química producida por los múltiples pesticidas aplicados en las zonas verdes y, por tanto, sería recomendable minimizar su uso. Por otro lado, como vimos en el capítulo 4, la contaminación lumínica es un factor importante en el declive de los insectos polinizadores (de hecho, ¡de todos los insectos!), pero a diferencia de otros factores, es relativamente fácil de mitigar. Ajustar la intensidad, el tipo de luz y el espectro de las luces artificiales puede reducir significativamente su impacto sin dejar efectos residuales. Este tipo de contaminación no se limita solo a áreas urbanas, sino que también afecta las carreteras y zonas protegidas, extendiendo su impacto en el hábitat de los insectos.

Aunque es necesario continuar investigando cómo los diferentes tipos de luz afectan a las distintas especies de insectos, especialmente en términos de composición espectral, intensidad y otros factores, se sugiere el uso de luces LED monocromáticas que emitan longitudes de onda rojas o ambarinas, que son menos dañinas para los insectos. Implementar tecnologías de iluminación más amigables y llevar a cabo estudios controlados ayudarán a reducir los efectos ecológicos negativos de la luz artificial, sin comprometer la seguridad humana. Los responsables de políticas urbanas, por tanto, deberían incorporar la contaminación lumínica en sus agendas de conservación ya que, al reducir su impacto, podríamos ver una mejora inmediata en la supervivencia de los insectos.

El papel de la agrivoltaica en la restauración ecológica de polinizadores

En proyectos de restauración ecológica enfocados en polinizadores, es común que surjan colaboraciones con apicultores locales. En España, la apicultura está en crecimiento y varias empresas la han adoptado como una medida para reducir el impacto que ejercen sobre el medioambiente. Un ejemplo es la agrivoltaica, un sistema que vincula a empresas de energía fotovoltaica con agricultores y apicultores locales, permitiéndoles instalar colmenas en terrenos degradados entre paneles solares para producir miel o polinizar cultivos cercanos. Aunque esta iniciativa parece positiva, pues combina la siembra de flora melífera autóctona y promueve la economía circular, desde una perspectiva conservacionista, es crucial que los esfuerzos se centren en preservar las poblaciones de polinizadores nativos. La apicultura puede ser complementaria, pero no debe sustituir la polinización natural. Un estudio en el Parque Nacional del Teide (Valido *et al.*, 2014) mostró que la apicultura intensiva mal gestionada, con densidades elevadas de *Apis mellifera*, competía con polinizadores nativos y afectaba negativamente la flora autóctona. Por lo tanto, si la apicultura se incluye en planes de restauración, es esencial monitorear las comunidades de polinizadores y ajustar la densidad de colmenas de manera sostenible según los recursos florales disponibles.

CAPÍTULO 7

La crisis de los polinizadores en la política

Origen del interés político en los polinizadores

Aunque algunos científicos, sobre todo entomólogos, ya habían expresado su preocupación por la toxicidad que implicaban los pesticidas para los insectos polinizadores, el libro de Rachel Carson *Primavera silenciosa* (1962) parece haber sido el detonante de una mayor concienciación sobre la conservación de estos insectos. En la obra, Carson argumenta el peligro que suponen dichos compuestos para los insectos en general y para los polinizadores en particular. Además, asegura que: "La humanidad es más dependiente de los polinizadores silvestres de lo que normalmente creemos". A pesar de la gran influencia del libro, no fue hasta mediados de los años noventa cuando empezó a crecer la sensibilización en la sociedad, y en los mismos científicos, del problema de la pérdida de polinizadores.

Tres décadas más tarde, otro libro, publicado por Buchmann y Nabhan (1996) y titulado *The Forgotten Pollinators*, se hizo también muy popular pues estimuló a muchos científicos a estudiar las interacciones planta-polinizador y a invertir esfuerzos en conservarlas. Posteriores trabajos sobre este tema llamaron la atención internacional, culminando en la Declaración de

São Paulo sobre los polinizadores, en el marco de la Convención de las Naciones Unidas sobre Diversidad Biológica en 1999. Aunque este documento estaba sobre todo enfocado a la agricultura y a las abejas (especialmente la abeja de la miel), impulsó los esfuerzos de la conservación de los polinizadores a nivel internacional[5].

El interés político por los polinizadores a nivel global fue creciendo en respuesta a la preocupación por la pérdida de biodiversidad y sus efectos sobre la seguridad alimentaria. Este interés se intensificó al comprender el papel esencial de los polinizadores en los ecosistemas y, particularmente, en la agricultura, al constatar que muchos cultivos dependen de ellos para su reproducción. Un estudio de Breeze *et al.* (2014) mostró que, entre 2005 y 2010, la demanda de abejas melíferas en la UE creció cinco veces más rápido que sus poblaciones, lo que resultó en una insuficiencia en más del 90% de los países analizados. Esto puso de manifiesto la necesidad urgente de investigar y abordar las brechas en el suministro y demanda de servicios de polinización.

Un hito clave en la concienciación internacional del problema fue el informe de 2016 del IPBES, que subrayó el grave declive de las poblaciones de polinizadores a nivel mundial, especialmente en el noroeste de Europa y América del Norte, atribuyéndolo a factores como la pérdida de hábitats, el uso excesivo de pesticidas y el cambio climático. El informe también identificó importantes vacíos de información (por ejemplo, en el continente africano) y destacó la necesidad crítica de un monitoreo global, particularmente en regiones menos estudiadas. Muchas de las comunidades de plantas que dependen de polinizadores, especialmente de abejas, para la seguridad alimentaria y para la generación de bienestar, están precisamente en regiones

---

5. Otras iniciativas similares (International Pollinator Initiative, https://lc.cx/nhg9Kr) fueron apareciendo en distintos países de distintos continentes, por ejemplo, la Iniciativa Africana para los Polinizadores, y muchas otras iniciativas en Europa (Noruega, Francia, Reino Unido, Irlanda, etc.) para abordar el problema de su declive.

donde nuestro conocimiento sobre el proceso de la polinización es muy pobre (Archer *et al.*, 2014).

¿Cómo responden los Gobiernos a esta crisis? Estrategias a nivel mundial

El informe del IPBES de 2016 fomentó acciones políticas, instando a la protección de los polinizadores. Gobiernos y organizaciones como Naciones Unidas y la Unión Europea respondieron integrando su conservación en las políticas de biodiversidad y agricultura, subrayando la importancia de mantener los servicios de polinización para la seguridad alimentaria y el desarrollo sostenible. Iniciativas como la de los polinizadores de la UE (2018) y estrategias nacionales, como el Plan de Acción para los Polinizadores de EE UU, reflejan este creciente compromiso político para abordar el problema a nivel global. Aunque varios Gobiernos ya han tomado medidas políticas para abordar las amenazas actuales, sigue siendo esencial anticipar y mitigar los impactos futuros sobre los polinizadores, muchos de los cuales aún no se comprenden completamente ni se reflejan en las políticas actuales.

Las medidas políticas recomendadas para la conservación de polinizadores según el informe del IPBES se pueden clasificar en cuatro tipos (Dicks *et al.*, 2016):

1. *Reducción de los riesgos*. Los pesticidas están muy regulados como factores que afectan la disminución de polinizadores. A nivel nacional, la evaluación de riesgos y la regulación del uso pueden reducir los peligros, pero esta regulación varía globalmente. La falta de sistemas nacionales de regulación y control de pesticidas y el incumplimiento del Código Internacional de Conducta sobre Manejo de Plaguicidas (ICCPM) son comunes. Es esencial presionar para elevar los estándares regulatorios y considerar los efectos subletales e indirectos en la evaluación de riesgos para diversas especies de polinizadores, no solo la abeja melífera. Otro objetivo importante es aprovechar el

enfoque del MIP en las políticas internacionales, como la Directiva de Uso Sostenible de Plaguicidas de la Unión Europea. El MIP implica monitorear las plagas y utilizar una variedad de métodos de control, como la rotación de cultivos y el control biológico, reservando los pesticidas como último recurso. Esta estrategia es relevante para la salud de los polinizadores y, además, minimiza los riesgos para otros organismos. Los productos químicos que perjudican a los polinizadores se usan ampliamente en entornos urbanos, suburbanos y más extensos, como los campos de golf. Ahora que se reconoce el valor de estas áreas para los polinizadores, se abre la oportunidad de crear conciencia sobre el uso de químicos y promover campañas exitosas para reducirlos y sustituirlos.

En la Unión Europea, la mayoría de los neonicotinoides están restringidos o prohibidos debido a su impacto negativo en las abejas y otros polinizadores. Tres de ellos fueron prohibidos desde 2018 para su uso en exteriores, permitiéndose solo en invernaderos cerrados. Esta decisión surgió por investigaciones de la Autoridad Europea de Seguridad Alimentaria (EFSA) que encontraron que estos químicos representaban un riesgo significativo para las abejas. Sin embargo, algunos países de la Unión han otorgado permisos excepcionales para su uso limitado en casos específicos, especialmente en cultivos vulnerables donde no hay alternativas efectivas, lo cual sigue siendo motivo de debate sobre su impacto ambiental y agrícola.

Reducir el uso de pesticidas en la agricultura es posible y podría lograrse mediante estrategias de producción alternativas, aunque persisten dudas sobre su impacto en la rentabilidad y productividad. Varios estudios confirman esta posibilidad, pero la transición requiere ajustes en el mercado y plantea desafíos a los agricultores debido a la mayor complejidad en la gestión y al riesgo económico, ya que reducir pesticidas no siempre mejora los ingresos. Para facilitar esta transición, resulta fundamental establecer metas realistas y proporcionar el apoyo necesario a los agricultores. Si bien esta medida puede generar importantes beneficios ambientales, también podría tener implicaciones significativas para el mercado y el panorama agrícola.

El uso preventivo de semillas tratadas con insecticidas sistémicos contradice el enfoque del MIP de la Unión Europea, al aplicarse sin confirmación de la presencia de plagas. La contaminación de los recursos hídricos y florales y el riesgo para los polinizadores evidencian la necesidad de revisar esta práctica. Monitorear las poblaciones de plagas y adoptar métodos alternativos podría reducir considerablemente el impacto ambiental y la exposición de organismos "no objetivo".

En la evaluación de riesgos de productos fitosanitarios es fundamental considerar los efectos de la exposición a combinaciones de plaguicidas, evitando especialmente el uso conjunto de compuestos que interactúen y potencien su toxicidad, como fungicidas e insecticidas sistémicos. Una mayor inversión en investigación para reducir el uso de plaguicidas y en asesoría independiente sobre el MIP contribuiría a proteger a los polinizadores, conservar la biodiversidad de los agroecosistemas y mejorar su productividad a largo plazo.

Los cultivos genéticamente modificados (GM) también plantean riesgos. Sus efectos aún no se conocen bien, sobre todo porque pueden ser indirectos. Por ejemplo, los cultivos GM resistentes a herbicidas aumentan el uso de los mismos, lo que reduce la disponibilidad de flores en el entorno y, por tanto, puede afectar a los polinizadores. Las evaluaciones de riesgo de los cultivos GM en la mayoría de los países no tienen en cuenta estos efectos indirectos, centrándose principalmente en los efectos directos de la exposición a las proteínas de esos cultivos.

Por otro lado, el transporte de polinizadores domesticados plantea preocupantes riesgos a nivel global. Aunque ofrecen beneficios económicos y mejoran los servicios de polinización, su comercio masivo ha provocado la expansión de especies más allá de sus hábitats naturales, lo que aumenta el peligro de propagación de enfermedades a las poblaciones de abejas silvestres locales. Este tema ha sido destacado en los objetivos de desarrollo sostenible de la ONU y en el plan estratégico de biodiversidad del CDB, lo que brinda una oportunidad para que las instituciones reguladoras restrinjan y gestionen de manera más efectiva el movimiento de polinizadores entre países.

Las prácticas de manejo de las abejas domesticadas deberían considerar periodos de baja floración, cuando estas compiten con polinizadores nativos. En EE UU, por ejemplo, las colmenas se trasladan para coincidir con la floración de cultivos, desde almendros en California en primavera hasta manzanos en Washington en verano. Este enfoque podría aplicarse en Europa y otros lugares, teniendo en cuenta, además, el riesgo de transmisión de enfermedades. Adicionalmente, limitar la cantidad de abejas melíferas en ciertos momentos, extraer la miel tempranamente y mantener colmenas más pequeñas serían medidas efectivas, sin mayores costos para los agricultores, aunque podrían aumentar el precio de la miel.

Aplicar medidas de cuarentena efectivas para prevenir la propagación de parásitos y especies invasoras es también crucial para proteger a los polinizadores. Las cuarentenas pueden ser especialmente útiles para frenar la introducción y expansión de especies como el ácaro *Varroa destructor*, que parasita a las abejas melíferas y afecta su rendimiento y supervivencia, el pequeño escarabajo de la colmena *Aethina tumida* o de especies vegetales invasoras que modifican los recursos alimenticios y hábitats (capítulo 4). Dentro de las estrategias de cuarentena y prevención se incluyen:

- Control de movimientos internacionales: restringir la importación y exportación de colmenas y material apícola ayuda a prevenir la introducción de patógenos y parásitos a nuevas áreas. Por ejemplo, la inspección y certificación de las colmenas puede reducir significativamente el riesgo de propagación de parásitos.
- Desinfección y monitoreo de equipos: las herramientas y materiales usados en la apicultura deben desinfectarse adecuadamente para evitar el contagio entre colmenas. La inspección regular y el monitoreo de parásitos y especies invasoras también permiten una detección temprana y una respuesta rápida en caso de brotes.
- Medidas específicas en áreas vulnerables: en zonas donde los polinizadores están particularmente en riesgo,

limitar el movimiento de colmenas entre regiones o implementar barreras físicas puede ser necesario para controlar la diseminación de parásitos. Todas estas prácticas no solo previenen la introducción de amenazas, sino que también permiten proteger la biodiversidad de los ecosistemas locales, mejorando la resiliencia y estabilidad de las comunidades de polinizadores.

2. *Promoción de una agricultura sostenible.* Actualmente, aproximadamente el 50% de la superficie terrestre habitable del mundo se dedica a la agricultura, lo cual incluye tierras de cultivo para alimentos humanos y para ganado. La ganadería ocupa la mayor parte de esta superficie agrícola, representando un 80% del uso agrícola global, mientras que los cultivos destinados directamente al consumo humano y a otros usos no alimentarios, como biocombustibles, abarcan el 20% restante. Para 2050, se estima que se necesitarán entre 450 y 600 millones de hectáreas de tierra adicionales para satisfacer la creciente demanda alimentaria mundial por el aumento de la población. Este incremento representa un gran reto para la sostenibilidad, ya que gran parte de esta expansión agraria podría darse a expensas de bosques y otros ecosistemas naturales, lo que exacerbaría la pérdida de biodiversidad y el cambio climático. Para evitar esta conversión masiva de tierras, algunos expertos sugieren intensificar la producción agrícola actual, reducir el desperdicio de alimentos y adoptar dietas más sostenibles, como una mayor dependencia en proteínas de origen vegetal en lugar de animal.

A pesar de que la agricultura desempeña un papel crucial en el declive de los polinizadores debido a prácticas intensivas y cambios en el uso del suelo, también podría ser parte de la solución. Se han propuesto dos enfoques complementarios para que así sea: promover una agricultura más ecológica que integre la polinización y el control natural de plagas y apoyar sistemas agrícolas más diversos. Estas estrategias pueden contribuir a garantizar la sostenibilidad tanto de la producción agrícola como de la conservación de la biodiversidad.

Una de las principales dificultades para adoptar la intensificación ecológica es la falta de certeza sobre los resultados tanto ecológicos como agronómicos. Para abordar esta incertidumbre, una opción prometedora sería ajustar los programas de seguros agrícolas para ofrecer incentivos (como reducciones en las primas o criterios de pérdida más flexibles) a los agricultores que implementen medidas para fomentar la presencia de polinizadores. Aunque el seguro es un componente fundamental de la "agricultura inteligente para el clima", aún no se ha explorado su potencial para promover la sostenibilidad agrícola en general. La falta de conocimiento entre los agricultores y agrónomos puede abordarse mediante servicios de extensión, como los Sistemas de Asesoramiento Agrícola de la UE. Para abordar mejor la gestión ecológica, por tanto, se podría mejorar la información proporcionada por estos sistemas.

Los sistemas agrícolas diversificados, como granjas orgánicas, huertos caseros y sistemas agroforestales, implementan prácticas que favorecen a los polinizadores, como setos florales y cultivos mixtos. Estos sistemas pueden respaldarse mediante incentivos financieros, como los esquemas agroambientales europeos, o a través de instrumentos de mercado, como los esquemas de certificación con precios *premium* utilizados en la agricultura orgánica. Las industrias agrícolas preocupadas por la propagación de enfermedades a través de los polinizadores deberían imponer restricciones en los movimientos de polinizadores domesticados, además de proporcionar un incentivo económico para priorizar el uso de polinizadores silvestres locales. Es fundamental que la legislación sobre el desarrollo de pesticidas incorpore de manera urgente los efectos a corto y largo plazo sobre los polinizadores, e incluya ensayos de campo adecuados antes de utilizar futuros productos. La identificación temprana de estos problemas permitirá desarrollar políticas y prácticas que limiten los impactos negativos y potencialmente aprovechen los beneficios positivos.

Por otro lado, la tecnología de mejora de plantas puede generar cultivos que no dependan de la polinización biótica, lo que podría mantener los rendimientos y reducir costos agrícolas. Sin embargo, su uso generalizado podría empeorar la situación de los polinizadores al reducir la necesidad de protegerlos, poniendo en riesgo los cultivos que aún dependen de ellos.

Un reciente estudio realizado por Pluta *et al.* (2024) ha evidenciado que para promover la salud de las colonias de *Apis mellifera* en agroecosistemas, se deben priorizar la agricultura ecológica y las bandas florales como medidas de conservación. El manejo del paisaje debería considerar las ventajas e inconvenientes de distintas medidas para mantener poblaciones sanas de polinizadores en los agroecosistemas. Otros estudios sugieren también que cuando las abejas domesticadas forrajean preferentemente en flores silvestres, mantienen distintas dietas de polen, por lo que existe un bajo riesgo de competencia por los recursos entre estos taxones generalistas. Por tanto, es importante promover una alta disponibilidad y diversidad de flores en los paisajes agrícolas para mantener una diferenciación de nicho entre las abejas manejadas y las silvestres (Bernhardsson *et al.*, 2024).

3. *Protección de la biodiversidad y los servicios ecosistémicos.* Las estrategias tradicionales de conservación de la biodiversidad, como proteger especies amenazadas y establecer áreas protegidas, no son suficientes para mantener los servicios de polinización, ni en la agricultura ni en los sistemas naturales. Se requieren enfoques alternativos para abordar estos desafíos. Para la polinización de cultivos, es necesario asegurar hábitats con recursos de flores y anidación distribuidos en paisajes productivos a escalas que los polinizadores individuales puedan recorrer. Esto se alinea con el concepto de "infraestructura verde" definido por la UE en 2013 y requiere la participación de diversos gestores de tierras a nivel regional. Este enfoque debe integrarse en políticas de protección planificadas estratégicamente para conservar la diversidad de polinizadores y sus funciones. Para lograr proteger los hábitats con alta diversidad y especies endémicas de insectos polinizadores es clave impulsar la colaboración en iniciativas que fomenten la protección y restauración de redes ecológicas (de

interacciones entre especies) ya existentes, como la red Natura 2000.

Los márgenes de carreteras y sus setos asociados pueden ser puntos clave de recursos para los polinizadores en paisajes agrícolas, pero su capacidad para hacerlo se ve reducida por el tráfico intenso y la tala de los márgenes en verano. Una gestión beneficiosa para los polinizadores debería priorizar los márgenes de carreteras anchos (de al menos 2 metros), carreteras con menos tráfico y áreas alejadas de la inmediata cercanía de la carretera. A ser posible, la tala de los márgenes no debería realizarse durante los periodos de floración máxima.

Dado que las abejas melíferas son animales agrícolas y no parte de los ecosistemas naturales, la polinización de cultivos por estas abejas gestionadas no puede ser considerada un servicio ecosistémico. Además, debería evitarse la colocación de colmenas de abejas melíferas en áreas protegidas, ya que se sabe que pueden tener impactos negativos sobre los polinizadores silvestres, especialmente después de la floración de cultivos cercanos. La apicultura es una actividad agrícola y, por tanto, no debe ser confundida con la conservación de la vida silvestre. Para lograr un equilibrio entre la apicultura, el manejo de otras especies y la conservación de todos los polinizadores es indispensable aplicar prácticas integradas. Regular la cantidad de abejas melíferas en cada cultivo y proteger la flora nativa pueden reducir la competencia entre especies manejadas y silvestres. Esto no solo favorece una mayor diversidad de polinizadores en los cultivos —o en sitios degradados donde los recursos florales se han visto mermados—, sino que también beneficia la producción apícola al garantizar una fuente floral suficiente.

Para reducir la transmisión de patógenos entre polinizadores silvestres y especies domesticadas, es esencial aplicar controles sanitarios rigurosos, especialmente durante la translocación de colmenas. Donde sea posible, deberían instalarse barreras efectivas para minimizar el contacto directo entre estas especies. Asimismo, se necesita una legislación que limite la entrada de nuevos parásitos en distintos países a través de dichas translocaciones, promoviendo el control de diversas enfermedades y estableciendo protocolos de respuesta rápida ante su detección.

Las recomendaciones de expertos incluyen, además, el monitoreo y reintroducción como parte de los planes de gestión y restauración de hábitats críticos; evaluaciones a largo plazo de los efectos letales y subletales de pesticidas, herbicidas y fragmentación del hábitat en poblaciones de polinizadores silvestres; inclusión del monitoreo de la producción de semillas y frutos y las tasas de visita floral en los planes de manejo y recuperación de plantas en peligro; identificación y protección de reservas florales a lo largo de los "corredores de néctar" de polinizadores migratorios amenazados, e inversión en la restauración y gestión de la diversidad de polinizadores y sus hábitats adyacentes a los campos de cultivo para estabilizar o mejorar los rendimientos de los cultivos.

4. *Incrementar el conocimiento y promover la investigación.* La falta de conocimiento sobre la situación de los polinizadores a nivel global y la eficacia de las medidas de protección es evidente. Se requiere un monitoreo extenso y a largo plazo para abordar esta brecha en el conocimiento. El desconocimiento sobre la mayoría de las especies de insectos impide predecir sus tendencias a largo plazo. La Unión Internacional para la Conservación de la Naturaleza (UICN) ha evaluado solo 8355 especies de insectos —2104 de las cuales carecen de datos suficientes— (UICN, 2019), de un estimado total de 5,5 millones, lo que representa solo el 0,15% de la diversidad mundial. Dado el papel crucial de los insectos y la carencia de datos, es esencial diseñar estudios rigurosos, mejorar la recolección de evidencia y comunicar efectivamente los hallazgos. La mayoría del conocimiento actual sobre los polinizadores se basa en cambios en la riqueza de especies y distribución, pero se requiere urgentemente un monitoreo sistemático a largo plazo para establecer una línea base de su estado, identificar las causas del declive y guiar medidas de respuesta. Según Breeze *et al.* (2019), los costos de estos esquemas de monitoreo son mínimos frente al valor económico

de los servicios de polinización que se perderían con una disminución del 30% en las poblaciones de polinizadores. Un monitoreo bien diseñado, con logística adecuada y datos de alta calidad, puede ser una herramienta económica y valiosa tanto para la investigación como para la formulación de políticas.

A pesar del auge de la investigación sobre la ecología y gestión de la polinización por insectos silvestres, persisten todavía muchas lagunas en conocimientos básicos y aplicados. Es crucial fortalecer la investigación en sistemática y taxonomía para facilitar el seguimiento de la expansión o disminución de especies. Actualmente, se están haciendo esfuerzos para digitalizar las colecciones existentes y crear una base de datos europea sobre polinizadores, lo que mejorará el acceso a esta información para investigadores y conservacionistas.

Es también esencial financiar investigaciones para mejorar el rendimiento agrícola en sistemas que beneficien a los polinizadores, alineándose con la prioridad global de aumentar la producción de alimentos, especialmente en pequeñas explotaciones. La colaboración entre científicos, agricultores y responsables de políticas es crucial para asegurar la relevancia de los hallazgos, que pueden apoyarse con fondos de investigación nacionales e internacionales y fortalecer la infraestructura institucional. Además, estudios integrados que analicen el impacto de múltiples factores en el comportamiento, la cognición y la función de la colonia son necesarios para comprender las causas del declive de las abejas y gestionar sus poblaciones de manera efectiva.

Por otro lado, es fundamental potenciar la educación ambiental para los agricultores, desarrollando programas de asesoramiento agroambiental que impulsen técnicas de cultivo que no solo respeten, sino también aumenten, los sustratos de anidación de polinizadores entre cultivos y vías de acceso. Esto incluye la planificación para proteger la flora silvestre y repoblar los bordes de caminos y campos. Además, la promoción de plantaciones en mosaico, la reducción de plaguicidas, la adopción del MIP y la expansión de la agricultura ecológica son estrategias clave para fomentar la diversidad de polinizadores.

La intensificación ecológica tiene efectos positivos evidentes y generalizados sobre la biodiversidad de polinizadores silvestres y la polinización, además de favorecer otros servicios ecosistémicos, como el control biológico de plagas, la reducción de la erosión o la escorrentía, la conservación de la biodiversidad e incluso la estética de los paisajes agrícolas. Este esquema productivo, sin embargo, requiere medidas coordinadas a nivel de la explotación agrícola, los hábitats periféricos y el paisaje en su conjunto, lo que exige políticas territoriales más allá de la capacidad individual de los agricultores. Aunque esta intensificación aporta beneficios potenciales, su adopción sigue siendo limitada debido a la insuficiente transferencia de conocimiento desde la investigación hacia el campo. Además, la falta de información sobre la rentabilidad económica —ya sea en beneficios directos o mediante subvenciones por sus ventajas para la sociedad— también frena su implementación (Cunningham, 2017).

Aunque los enfoques actuales de gestión de polinizadores se centran principalmente en mitigar impactos pasados, existen oportunidades para implementar prácticas, legislación y políticas preventivas que permitan gestionar de manera sostenible los polinizadores para las futuras generaciones. Por ejemplo, diversificar las especies domesticadas podría mejorar la polinización en cultivos que requieren polinizadores especializados o que no reciben un servicio óptimo de las especies actuales. También proporcionaría seguridad ante perturbaciones en el suministro de especies existentes y permitiría usar especies nativas en áreas donde las domesticadas no son nativas. Sin embargo, el uso de nuevas especies requiere evaluación de riesgos y regulación debido a posibles impactos negativos como la transmisión de parásitos y la competencia con polinizadores locales.

Una técnica sistemática que identifica tanto amenazas como oportunidades futuras, y que es utilizada en Gobiernos y negocios para gestionar y responder proactivamente a los desafíos y oportunidades futuros es el escaneo de horizonte. Esta técnica está siendo cada vez más aplicada en la toma de decisiones ambientales y para informar sobre políticas e investigaciones específicas, como el riesgo de especies invasoras o la gestión de ciertas regiones geográficas. Estas respuestas proactivas pueden resultar más rentables a largo plazo que las reactivas y para contribuir a evitar costos significativos.

Estrategia Nacional para la Conservación de los Polinizadores

En España, se estima que un 2,6% de las especies de abejas están en riesgo según la Lista Roja de Abejas de Europa. Sin embargo, el número real de especies amenazadas podría ser considerablemente mayor, dado que se desconoce el estado del 56,7% de las especies a nivel europeo, y aún existen muchas especies que no han sido identificadas formalmente[6]. En cuanto a los lepidópteros, el otro grupo de polinizadores más conocido, el Catálogo Español de Especies Amenazadas actualmente incluye dos especies clasificadas como "en peligro de extinción" y una como "vulnerable", además de diez especies en el Listado de Especies Silvestres en Régimen de Protección Especial.

Aunque el declive poblacional de estas es evidente, resulta complejo determinar el principal grado de alteración y prever sus consecuencias ecológicas. Esto se debe, en primer lugar, a los efectos sinérgicos de algunas causas del declive (capítulo 4) y, en segundo lugar, a la complejidad de los sistemas naturales, como las relaciones de los polinizadores con sus plantas mutualistas o con sus competidores, parásitos o depredadores.

La Estrategia Nacional para la Conservación de los Polinizadores de España, lanzada en 2020, busca abordar la necesidad crítica de proteger a los polinizadores debido a su importancia para la biodiversidad y la producción agrícola[7].

---

6. Véase https://lc.cx/IMslwy.
7. El texto completo de dicha estrategia puede descargarse en https://lc.cx/beSchl.

Esta estrategia se alinea con compromisos europeos e internacionales, como la Iniciativa de la UE sobre Polinizadores de 2018 o la Estrategia de Biodiversidad de la UE para 2030. Entre sus objetivos, destaca frenar la pérdida de polinizadores promoviendo prácticas agrícolas sostenibles, disminuyendo el uso de plaguicidas, incentivando la agroecología y desarrollando hábitats diversificados que puedan sostener poblaciones de polinizadores tanto en zonas rurales como urbanas. La estrategia también contempla, por supuesto, el apoyar la investigación para la mejora del conocimiento y el garantizar el acceso a la información y divulgar la importancia de los polinizadores.

El sector apícola en España es el más profesionalizado dentro de la UE. El Plan Nacional de Apicultura brinda una oportunidad para incluir medidas que impulsen la mejora técnica de esta actividad y, al mismo tiempo, logren el equilibrio entre conservación y aprovechamiento comercial. Esto implica incluir el fomento del uso de razas autóctonas, el desarrollo de conocimiento sobre la carga apícola para asegurar un aprovechamiento sostenible de los recursos florales y la conservación de polinizadores silvestres, así como la promoción de prácticas adaptativas frente a los nuevos escenarios climáticos. En cuanto a los riesgos por plagas, patógenos y especies invasoras que afectan a polinizadores, el Programa de vigilancia sobre las pérdidas de colonias de abejas lleva desde 2012 estimando las pérdidas de colonias y analizando la prevalencia de enfermedades apícolas clave (por ejemplo, varroasis, nosemosis, virus de parálisis aguda y crónica, deformación de alas y parásitos invasores). Además, el programa realiza un seguimiento de residuos de pesticidas en polen y abejas y estudia posibles intoxicaciones. Dado el grave riesgo que representa la invasión y expansión de la avispa asiática (*Vespa velutina*) en la península ibérica, se recomienda también seguir estableciendo medidas para combatir esta especie exótica invasora y reforzar la investigación orientada al desarrollo de nuevos métodos para su control.

El Plan de Acción Nacional para el Uso Sostenible de Productos Fitosanitarios (PAN) promueve el MIP para garantizar una agricultura y producción forestal sostenibles, compatibles con el uso racional de productos fitosanitarios. Se priorizan técnicas que minimicen los riesgos para los polinizadores y se fomenta la difusión de prácticas seguras, especialmente en zonas de protección, donde se aplican medidas específicas para salvaguardar la biodiversidad en ambientes rurales, urbanos y periurbanos.

La Estrategia Nacional plantea un total de 37 medidas a realizar desde su aprobación hasta el año 2027, agrupadas en seis categorías:

1. Conservar las especies de polinizadores amenazadas y sus hábitats.
2. Promover hábitats favorables para los polinizadores.
3. Mejorar la gestión de los polinizadores y reducir los riesgos derivados de plagas, patógenos y especies invasoras.
4. Reducir el riesgo derivado del uso de productos fitosanitarios para los polinizadores.
5. Apoyar la investigación para la mejora del conocimiento.
6. Garantizar el acceso a la información y divulgar la importancia de los polinizadores.

Varios proyectos a nivel nacional han contribuido y están contribuyendo a la restauración y conservación de polinizadores mediante la creación de hábitats adecuados y prácticas de manejo agrícola favorables. Un ejemplo destacado es el proyecto APOLO (Observatorio de Agentes Polinizadores), promovido por la Fundación Biodiversidad y el Ministerio para la Transición Ecológica y el Reto Demográfico (MITECO). Se trata de un programa para mejorar la biodiversidad agrícola al establecer hábitats específicos que beneficien a los insectos polinizadores. Esta estrategia implica la creación de márgenes florales y áreas de refugio en los cultivos, proporcionando alimento y protección para polinizadores y otros insectos beneficiosos, como depredadores y parasitoides. Este proyecto, que también se alinea con el Good Growth Plan de la ONU, ha beneficiado a millones de hectáreas en el mundo, con resultados positivos en la biodiversidad de entornos agrícolas, aumentando la sostenibilidad y contribuyendo a la preservación de insectos vitales para la polinización y la salud de los ecosistemas agrícolas en Europa. Otro proyecto muy interesante es el de Operación Polinizador, liderado a nivel europeo por la compañía Syngenta (capítulo 8).

La Fundación Global Nature también lleva a cabo iniciativas como la implementación de márgenes florales, setos y zonas ricas en vegetación que aportan alimento y refugio a polinizadores y fauna auxiliar en áreas agrícolas. Además, estas infraestructuras ecológicas contribuyen a la diversidad de polinizadores en cultivos y paisajes agrícolas extensivos y semiextensivos. Ambos proyectos resaltan la importancia de aumentar la complejidad del hábitat y de mantener zonas no cultivadas dentro de áreas agrícolas para apoyar la diversidad de especies polinizadoras y fomentar ecosistemas agrícolas más sostenibles y resilientes.

CAPÍTULO 8

¿Cómo percibe la sociedad la crisis de los polinizadores y cómo le puede hacer frente?

El papel de los medios de comunicación

La opinión pública es clave para impulsar políticas, y los medios de comunicación juegan un papel esencial al sensibilizar y enfocar la atención en los problemas, captando así el interés de los responsables políticos. Durante años, la comunidad científica ha encontrado dificultades para involucrar al público en temas de biodiversidad, en parte porque los medios a menudo presentan la ciencia como compleja y distante. Abordar la crisis de biodiversidad requiere un esfuerzo internacional que enfrente los intereses corporativos y la falta de visión de algunos líderes. Sin una comprensión o interés público sólidos, es improbable que Gobiernos y empresas adopten un cambio efectivo.

La cobertura mediática sobre la disminución de polinizadores enfrenta dos barreras clave. En primer lugar, los descensos poblacionales en estas especies ocurren gradualmente, lo que dificulta su observación a gran escala y limita la capacidad de captar el interés público de forma sostenida. A diferencia de fenómenos ambientales más evidentes y rápidos, esta pérdida progresiva resulta menos atractiva como noticia de impacto, reduciendo así la atención de los medios. En segundo lugar, el enfoque de los medios suele depender de la agenda gubernamental, y en contextos de recursos periodísticos limitados, los temas ambientales tienden a recibir menos visibilidad si no son abordados por los líderes políticos. Esta dinámica sugiere que, para generar mayor cobertura mediática y preocupación pública, es fundamental que los responsables políticos den prioridad a la crisis de los polinizadores, subrayando la importancia de su conservación en la salud ambiental y la seguridad alimentaria global. La creciente vinculación entre la disminución de los polinizadores y el cambio climático en noticias y estudios científicos podría impulsar la inclusión de este tema en las agendas políticas. Queda en duda si la cobertura mediática por sí sola puede generar suficiente conciencia pública, y lo suficientemente rápido, para lograr los cambios políticos significativos necesarios para frenar, detener o incluso revertir las pérdidas de polinizadores.

El papel de la ciencia ciudadana

Los beneficios de la ciencia ciudadana (también conocida como ciencia comunitaria) para la conservación, la ciencia y los sistemas socioecológicos, así como para los propios participantes, son cada vez más reconocidos y valorados. Los proyectos de ciencia ciudadana desempeñan un papel crucial en la educación y sensibilización sobre la importancia de los polinizadores, además de facilitar acciones para su conservación. Aunque las diferencias en la experiencia de los participantes pueden generar errores y sesgos, la implementación de protocolos estandarizados permite minimizar estos problemas. Iniciativas de capacitación como los BioBlitz (eventos de ciencia ciudadana en el que expertos y voluntarios trabajan juntos para registrar la mayor cantidad posible de especies en un área determinada y en un tiempo limitado) resultan fundamentales en este ámbito.

Varios proyectos de ciencia ciudadana centrados en polinizadores se han implementado en los últimos años a nivel local, nacional o internacional, y recopilan datos valiosos sobre su abundancia, diversidad y distribución. Entre los proyectos de referencia se encuentran el Programa de Monitoreo de Polinizadores del Reino Unido, iNaturalist.org y BugGuide.net, el proyecto BeeWalk de la Bumblebee Conservation Trust, también del Reino Unido, el proyecto Spipoll en Francia y Beewatching en Italia. La plataforma global iNaturalist, en particular, ha respaldado eficazmente investigaciones científicas en monitoreo de especies, patrones de biodiversidad y planificación de conservación. Otras iniciativas como Bumble Bee Watch (EE UU), el Gran Conteo de Mariposas (Reino Unido) y la Semana Nacional de la Polilla (EE UU) son ejemplos de cómo profesionales y aficionados contribuyen activamente al estudio y la protección de los insectos, demostrando el impacto positivo de la ciencia ciudadana.

En España, existen también múltiples iniciativas a nivel nacional, junto con una creciente participación en redes internacionales de monitoreo de insectos, como el Butterfly Monitoring Scheme[8] y, concretamente de polinizadores, como el proyecto SPRING[9], el proyecto LIFE 4 Pollinators[10] o el proyecto PollinAction[11]. Como se ha mencionado en el capítulo anterior, un ambicioso proyecto a nivel nacional y coordinado por la Fundación Biodiversidad del MITECO es el Observatorio de Agentes Polinizadores (APOLO)[12]. Además, otra importante iniciativa, que ya lleva años en marcha y que ha dado interesantes resultados, es el proyecto Operación Polinizador[13], liderado a nivel europeo por la compañía Syngenta (con sede en Suiza) y que implica representantes de todos los sectores, desde el productor hasta la industria alimentaria, pasando por los comercializadores, y lo desarrollan instituciones científicas de primer nivel, incluido el CSIC. Su principal objetivo es preservar y mejorar la biodiversidad en las zonas agrarias, a través del incremento de los polinizadores y otros

8. Véase https://lc.cx/gGHHrc.
9. En https://lc.cx/cB1W7_.
10. Más información en https://lc.cx/4enVj6.
11. En https://lc.cx/THG9G8.
12. Véase https://lc.cx/g0RFtx.
13. En https://lc.cx/kYfv96.

artrópodos beneficiosos. Uno de los mecanismos es dedicar una parte de las parcelas de cultivo, normalmente los márgenes, para cultivar una mezcla de especies vegetales que aseguren una buena fuente de polen y néctar para los polinizadores. En España, las fincas implicadas en este proyecto se encuentran en distintas comunidades como Andalucía, Madrid y Castilla-La Mancha. La superficie destinada a "cultivar biodiversidad" oscila entre el 2 y el 6% de la parcela y se realizan las labores necesarias para obtener un elevado rendimiento, escogiéndose las variedades vegetales de forma que cubran todo el periodo de actividad de las especies de polinizadores objetivo. El trabajo consiste en: 1) seleccionar esas especies objetivo, con especial preferencia por abejas minadoras solitarias, abejorros, parasitoides de plagas y otras de especial interés (por ejemplo, *Crisopa* en el olivar); 2) determinar la mezcla de semillas para sembrar en la pradera; 3) elaborar una estrategia correcta de manejo de la misma (como la periodicidad de la siega); 4) formación de agricultores y técnicos de las fincas del proyecto; 5) realizar la monitorización de los polinizadores objetivo en comparación con la parcela testigo, valorando especialmente la aparición en la zona de especies en regresión, y 6) desarrollar un importante trabajo de divulgación científico-técnica.

Todos los datos de monitoreo agrícola, silvicultural y de entusiastas de la naturaleza son particularmente valiosos para la investigación. Involucrar a voluntarios de la comunidad para realizar encuestas rápidas en amplias áreas geográficas es viable y beneficioso. Los programas escolares de monitoreo de insectos también generan datos útiles y permiten ampliar el alcance geográfico. Trampas de caída y de luz UV LED son herramientas económicas y éticamente más aceptables para el público general. Además, muchos taxones pueden ser fotografiados e identificados con teléfonos móviles, aumentando las oportunidades de monitoreo comunitario y educativo[14].

---

14. Todos estos datos deberían estar disponibles en repositorios en línea como datadryad.org, BioTIME (biotime.st-andrews.ac.uk; Dornelas *et al.*, 2018) o el Global Biodiversity Information Facility (gbif.org).

Sin embargo, a pesar de su utilidad, existen barreras sociales y financieras que limitan su contribución a estos repositorios. Abordar estos obstáculos es esencial para facilitar el acceso a información clave. Por otro lado, es crucial proteger los derechos de propiedad intelectual de los proyectos de monitoreo a largo plazo para garantizar su continuidad.

Una forma eficaz de promover una visión positiva de los insectos es a través del apoyo y la participación en actividades públicas enfocadas en ellos. Distintos tipos de eventos educativos, como ferias de insectos, mariposarios y zoológicos de insectos en vivo ofrecen a los participantes la oportunidad de interactuar, aprender y observarlos de cerca. Estas experiencias no solo fomentan el conocimiento, sino que también facilitan una mayor apreciación de la importancia ecológica de los mismos.

Por otro lado, es importante que las personas dedicadas a la entomología exploren de manera amplia y creativa nuevas tecnologías y flujos de *big data* aplicables al estudio de insectos. Herramientas como el monitoreo acústico pasivo, cámaras inteligentes para el seguimiento de insectos, análisis de ADN ambiental (eDNA), tecnología LIDAR y el uso de redes sociales abren nuevas perspectivas y métodos de recolección de datos en esta área.

El papel de la educación primaria y secundaria

La educación primaria y secundaria desempeña un papel fundamental en la protección de la naturaleza y, en particular, en la conservación de los polinizadores, al moldear la conciencia, los valores y las conductas desde una edad temprana. Introducir a los estudiantes en la ciencia ambiental, la biodiversidad y la ecología les ayuda a construir un conocimiento básico sobre los ecosistemas y el papel esencial que desempeñan los polinizadores en ellos. Actividades prácticas —como la plantación de jardines amigables con los polinizadores, la observación de ciclos de vida de insectos y proyectos de ciencia ciudadana— permiten que establezcan una conexión directa entre el aprendizaje en el aula y su aplicación en el mundo real.

Figura 4
La educación ambiental no solo transmite conocimiento, sino que también fomenta la empatía por la naturaleza y promueve una actitud activa hacia la conservación. Al integrar estos temas en la enseñanza, se cultiva una generación comprometida con la protección de los polinizadores y sus ecosistemas.

Fuente: Xavier Canyelles.

Aparte de proporcionar conocimiento a los estudiantes, este enfoque fomenta una empatía por la naturaleza y promueve comportamientos positivos hacia la conservación a lo largo de la vida. Además, la exposición temprana a estos temas en la escuela anima a los jóvenes a ver la conservación como parte de su responsabilidad cívica, sentando las bases para una posible participación comunitaria o una carrera en ciencias ambientales. En última instancia, la educación en estos niveles puede cultivar una generación que no solo entienda, sino que también esté comprometida con la protección de los polinizadores y los ecosistemas que sustentan.

Un ejemplo de ciencia ciudadana en las escuelas es el proyecto Monarch Watch[15], en el cual el alumnado participa en el monitoreo de la población de mariposas monarca. En este programa, aprenden sobre la ecología y los patrones migratorios

---

15. Véase https://n9.cl/uy0o0.

de esta especie y colaboran etiquetándolas antes de su migración. Los datos que recopilan, como el número de mariposas y sus rutas de migración, se envían a una base de datos central para su análisis, permitiendo a los científicos entender mejor los cambios en las poblaciones de mariposas y las amenazas que enfrentan. Este tipo de proyecto fomenta la importancia de los polinizadores en los ecosistemas, además de fortalecer habilidades científicas como la observación y el registro de datos. Al involucrar a estudiantes en actividades prácticas y contribuir a la investigación real se crea una conexión entre el aprendizaje en el aula y la conservación, promoviendo la participación y el respeto por la naturaleza desde una edad temprana.

El papel de los parques nacionales, naturales y reservas

Los parques nacionales y las reservas naturales desempeñan un papel crucial en la sensibilización sobre la importancia de los polinizadores, sirviendo como aulas vivas donde las personas pueden aprender sobre el papel esencial de estas especies en los ecosistemas naturales. A continuación, se exponen algunas de las formas en que contribuyen:

- Demostración de buenas prácticas: al implementar prácticas amigables con los polinizadores, como plantar especies nativas, reducir el uso de pesticidas y gestionar hábitats saludables, los parques pueden demostrar prácticas sostenibles. Estos métodos pueden inspirar a los visitantes a adoptar enfoques similares en sus propias comunidades o jardines.
- Investigación y monitoreo: los parques nacionales y las reservas a menudo participan en esfuerzos de investigación y monitoreo de las poblaciones y la salud de los polinizadores. Los datos recopilados pueden sensibilizar sobre los desafíos que enfrentan los polinizadores, como la pérdida de hábitat y el cambio climático, y subrayar la importancia de su conservación.

- Ciencia ciudadana colaborativa: muchos parques fomentan la participación de los visitantes en proyectos de ciencia ciudadana, como la identificación y el conteo de polinizadores. Estas actividades no solo contribuyen con datos valiosos, sino que también crean una conexión personal entre las personas y la conservación de los polinizadores.
- Promoción de políticas de conservación: al gestionar activamente paisajes ricos en biodiversidad, incluidos los polinizadores, los parques nacionales, naturales y las reservas pueden influir en las políticas de conservación más amplias y sensibilizar a los responsables de la toma de decisiones sobre la necesidad de proteger a los polinizadores a nivel local, regional y nacional.

Algunos ejemplos de proyectos españoles que se están realizando en áreas protegidas son el Proyecto de Conservación de Polinizadores en los Parques Naturales de la Comunidad Valenciana y el "Primer estudio sistemático de los polinizadores y divulgación de su importancia para el mantenimiento de la biodiversidad en los dos Parques Nacionales Marítimo-Terrestres". El primero busca conservar y promover la biodiversidad de polinizadores en diversas áreas protegidas de la región, como los parques naturales de la Albufera, la sierra de Espuña y el Penyagolosa, mientras que el segundo ha abarcado el Parque Nacional de Cabrera (en Baleares) y el de las Islas Atlánticas (en Galicia).

En definitiva, a través de la educación, la conservación y la participación comunitaria, las áreas naturales protegidas pueden y deben ayudar a fomentar una mayor apreciación por los polinizadores y a promover la acción colectiva para su protección.

¿Qué puede hacer la ciudadanía por sí misma?

A nivel individual, las personas pueden tener un impacto directo y positivo en sus comunidades, especialmente en relación con la preservación de los insectos. Dado el papel crucial que desempeñan estos en los ecosistemas, y para la humanidad, y dado el declive observado en su abundancia y diversidad, es esencial que las personas tomemos acción. Un estudio reciente destaca dos tipos de acciones clave para apoyar a los insectos: crear hábitats amigables y fomentar su apreciación, promoviendo tanto la creación de entornos propicios como la conciencia sobre su importancia ecológica y cultural (Kawahara *et al.*, 2021). Estos autores proponen una serie de acciones específicas:

- Transformar céspedes en hábitats naturales puede ayudar a conservar insectos, ya que muchas especies necesitan poco espacio para prosperar. Con solo convertir un 10% del césped en vegetación natural, se mejora su biodiversidad y se reduce el uso de recursos como riego, pesticidas y fertilizantes.
- Cultivar plantas nativas es esencial para conservar insectos, ya que estos dependen de ellas para alimentarse y reproducirse. Además, estas plantas atraen a insectos que, a su vez, sirven de alimento para otras especies, promoviendo un ecosistema más equilibrado y diverso.
- Reducir el uso de pesticidas y herbicidas. El uso de pesticidas puede perjudicar a insectos "no objetivo", lo que a su vez afecta la biodiversidad local. Al reducir su aplicación, se favorece la presencia de artrópodos beneficiosos que desempeñan un papel crucial en la polinización, el control de plagas y la mejora de la salud del suelo.
- Limitar la iluminación exterior. La contaminación lumínica nocturna ha aumentado significativamente desde la década de los noventa, especialmente en áreas ricas en biodiversidad. Este aumento afecta gravemente a los insectos nocturnos, alterando sus patrones naturales de vuelo, reproducción y alimentación, lo que repercute negativamente en su supervivencia.
- Reducir el uso de detergentes no biodegradables que contengan sustancias contaminantes como amoniaco, metales pesados, nitrógeno, hidrocarburos derivados

del petróleo, fósforo y tensioactivos es crucial, ya que estos compuestos pueden filtrarse directamente en los sistemas acuáticos locales, alterando su calidad y afectando la biodiversidad.

- Promover la conciencia y apreciación de los insectos desafiando las percepciones negativas. Las personas suelen proteger aquello que comprenden y valoran. Sin embargo, en muchos países, la falta de conciencia sobre los beneficios y servicios esenciales que los insectos proporcionan contribuye a una visión negativa generalizada hacia ellos. Estas percepciones, frecuentemente basadas en creencias culturales infundadas, se ven amplificadas por representaciones sensacionalistas en los medios, como películas que los muestran de manera distorsionada o titulares exagerados que omiten el contexto científico. Esta desconexión entre la realidad y la percepción popular obstaculiza la conservación de estas especies fundamentales para los ecosistemas.

- Convertirse en un defensor de los insectos. Compartir conocimientos sobre insectos, especialmente en las escuelas, es clave para fomentar la conciencia y el aprecio por estos animales. Las experiencias positivas durante la infancia, entre los 6 y 12 años, son cruciales para generar un vínculo emocional con la naturaleza. Además, es fundamental involucrar a los adultos en la conservación, por ejemplo, a través de caminatas grupales que promuevan interacciones positivas con los insectos y resalten su importancia mediante historias y ejemplos.

- Involucrarse en la política local, apoyando la ciencia y votando. Para lograr la conservación de los insectos, es crucial que las políticas ambientales los incluyan, y que ciudadanos y autoridades colaboren a nivel local. La participación pública y el respaldo a decisiones científicas pueden impulsar un cambio significativo en la protección de los insectos a largo plazo.

Bibliografía

AGUADO, L. O.; FERERES, A. y VIÑUELA, E. (2015): *Guía de campo de los polinizadores de España*, Ediciones Mundi-Prensa, Madrid.

AIZEN, M. A. y HARDER, L. D. (2009): "The global stock of domesticated honey bees is growing slower than agricultural demand for pollination", *Current Biology*, 19, pp. 1-4, en https://lc.cx/VwjKQ9.

ARCHER, C. R. *et al.* (2014): "Economic and ecological implications of geographic bias in pollinator ecology in the light of pollinator declines", *Oikos*, 123(4), pp. 401-407, en https://lc.cx/I7AL9V.

ARTAMENDI, M. *et al.* (2024): "Loss of pollinator diversity consistently reduces reproductive success for wild and cultivated plants", *Nature Ecology & Evolution*, 8(10), pp. 1253-1263, en https://lc.cx/xAtzWE.

BASCOMPTE, J. y SCHEFFER, M. (2023): "The Resilience of Plant–Pollinator Networks", *Annual Review of Entomology*, 68, pp. 363-380, en https://lc.cx/oRCI7b.

BERNHARDSSON, O. *et al.* (2024): "Shared use of a mass-flowering crop drives dietary niche overlap between managed honeybees and bumblebees", *Journal of Applied Ecology*, 61, pp. 2135-2145, en https://lc.cx/zaL3Fg.

BOTÍAS, C. y SÁNCHEZ-BAYO, F. (2018): "Papel de los plaguicidas en la pérdida de polinizadores", *Ecosistemas*, 27(2), pp. 34-41, en https://lc.cx/FU4UxZ.

BREEZE, T. D. *et al.* (2014): "Agricultural policies exacerbate honeybee pollination service supply-demand mismatches across Europe", *PloS One*, 9(1), pp. e82996, en https://lc.cx/pDDcqY.

— (2019): "Linking farmer and beekeeper preferences with ecological knowledge to improve crop pollination", *People and Nature*, 1(4), pp. 562-572, en https://lc.cx/2IeoDU.

BUCHMANN, S. L. y NABHAN, G. P. (1996): *The Forgotten Pollinators*, Island Press, Washington, D.C.

BURKLE, L. A.; MARLIN, J. C. y KNIGHT, T. M. (2013): "Plant-pollinator interactions over 120 years: Loss of species, co-occurrence, and function", *Science*, 339(6127), pp. 1611-1615, en https://n9.cl/kv4mk.

CARBONE, L. M. *et al.* (2019): "A global synthesis of fire effects on pollinators", *Global Ecology and Biogeography*, 28(11), pp. 1487-1498, en https://n9.cl/a24f6.

CARSON, R. (2023 [1962]): *Primavera silenciosa*, Crítica, Barcelona.

CUNNINGHAM, S. A. (2017): "Human welfare and its connection to nature: What have we learned from crop pollination studies?", *Austral Ecology*, 42(1), pp. 111-120, en https://n9.cl/otokb.

DE LA PEÑA, E. *et al.* (2018): "Polinizadores y polinización en frutales subtropicales: implicaciones en manejo, conservación y seguridad alimentaria", *Ecosistemas*, 27(2), pp. 91-101, en https://n9.cl/2ivvy.

DE PALMA, A. *et al.* (2015): "Ecological traits affect the sensitivity of bees to land-use pressures in European agricultural landscapes", *Journal of Applied Ecology*, 52, pp. 1567-1577, en https://n9.cl/pbtdji.

— (2016): "Predicting bee community responses to land-use changes: Effects of geographic and taxonomic biases", *Scientific Reports*, 6, pp. 31153, en https://n9.cl/ai0pw.

DEVICTOR, V. *et al.* (2012): "Differences in the climatic debts of birds and butterflies at a continental scale", *Nature Climate Change*, 2(2), pp. 121-124, en https://n9.cl/2scne3.

DICKS, L.V. *et al.* (2016): "Ten policies for pollinators", *Science*, 354(6315), pp. 975-976, en https://n9.cl/u4ww4.

DONOSO, I. *et al.* (2016): "Phenological asynchrony in plant–butterfly interactions associated with climate: A community-wide perspective", *Oikos*, 125, pp. 1434-1444, en https://n9.cl/1752m.

DORNELAS, M. *et al.* (2018): "BioTIME: A database of biodiversity time series for the Anthropocene", *Global Ecology and Biogeography*, 27(7), pp. 760-786, en https://n9.cl/d1bet9.

EILERS, E. J. *et al.* (2011): "Contribution of pollinator mediated crops to nutrients in the human food supply", *PloS One*, 6(6), pp. e21363, en https://n9.cl/letdx.

EYLES, A. *et al.* (2022): "Feasibility of Mechanical Pollination in Tree Fruit and Nut Crops: A Review", *Agronomy*, 12(5), pp. 1113, en https://n9.cl/b8b70.

GARIBALDI, L. *et al.* (2013): "Wild pollinators enhance fruit set of crops regardless of honeybee abundance", *Science*, 339(6127), pp. 1607-1611, en https://n9.cl/aiu9e.

— (2016): "Mutually beneficial pollinator diversity and crop yield outcomes in small and large farms", *Science*, 351(6271), pp. 388-391, en https://n9.cl/hjzymg.

GARRAT, M. P. D. *et al.* (2014): "Avoiding a bad apple: Insect pollination enhances fruit quality and economic value", *Agriculture, Ecosystems & Environment*, 184, pp. 34-40, en https://n9.cl/7wek4.

GOODRICH, B. (2019): "Do more bees imply higher fees? Honey bee colony strength as a determinant of almond pollination fees", *Food Policy*, 83, pp. 150-160, en https://n9.cl/e0p1r3.

GOULSON, D. *et al.* (2015): "Bee declines driven by combined stress from parasites, pesticides, and lack of flowers", *Science*, 347(6229), pp. 1255957, en https://n9.cl/6ng6z.

GRAHAM, K. K. *et al.* (2024): "A century of wild bee sampling: historical data and neural network analysis reveal ecological traits associated with species loss", *Proceedings of the Royal Society B: Biological Sciences*, 291, pp. 20232837, en https://n9.cl/j6khz.

GREENPEACE (2014): *Alimentos bajo amenaza:Valor económico de la polinización y vulnerabilidad de la agricultura española ante el declive de las abejas y otros polinizadores*, Greenpeace España.

HERRERA, C. M. (2020): "Gradual replacement of wild bees by honeybees in flowers of the Mediterranean Basin over the last 50 years", *Proceedings of the Royal Society B:Biological Sciences*, 287, pp. 20192657, en https://n9.cl/vq2mif.

HUNG, K. L. J. *et al.* (2018): "The worldwide importance of honey bees as pollinators in natural habitats", *Proceedings of the Royal Society B: Biological Sciences*, 285, pp. 20172140, en https://n9.cl/2og8z4.

JUSTICIA-CORRECHER, E. *et al.* (2023): "Environmental and morphological drivers of mutualistic plant–lizard interactions: a global review", *Ecography*, pp. e06425, en https://n9.cl/0sij0f.

KAWAHARA, A. Y. *et al.* (2021): "Eight simple actions that individuals can take to save insects from global declines", *Proceedings of the National Academy of Sciences (PNAS)*, 118(2), pp. e2002547117, en https://n9.cl/0h2y0.

KLEIN, A. M. *et al.* (2007): "Importance of pollinators in changing landscapes for world crops", *Proceedings of the Royal Society B: Biological Sciences*, 274(1608), pp. 303-313, en https://n9.cl/97pap.

KLEIN, S. *et al.* (2017): "Why Bees Are So Vulnerable to Environmental Stressors", *Trends in Ecology & Evolution*, 32(4), pp. 268-278, en https://n9.cl/2n1ed.

KNOP, E. *et al.* (2017): "Artificial light at night as a new threat to pollination", *Nature*, 548(7669), pp. 206-211, en https://n9.cl/2287t.

LEMANSKI, N. J.; WILLIAMS, N. M. y WINFREE, R. (2022): "Greater bee diversity is needed to maintain crop pollination over time", *Nature Ecology & Evolution*, 6(10), pp. 1516-1523, en https://n9.cl/lksw0.

LEVER, J. J. *et al.* (2014): "The sudden collapse of pollinator communities", *Ecology Letters*, 17(3), pp. 238-250, en https://n9.cl/cjxxe.

MACIVOR, J. S. y PACKER, L. (2015): "'Bee hotels' as tools for native pollinator conservation: a premature verdict?", *PloS One*, 10(3), pp. e0122126, en https://n9.cl/lr0y4.

MAURER, C. *et al.* (2024): "Species traits, landscape quality and floral resource overlap with honeybees determine virus transmission in plant–pollinator networks", *Nature Ecology & Evolution*, 8, pp. 2239-2251, en https://n9.cl/r10gz.

MILLARD, J. *et al.* (2021): "Global effects of land-use intensity on local pollinator biodiversity", *Nature Communications*, 12(2902), en https://n9.cl/3t417.

MIÑARRO PRADO, M.; GARCÍA GARCÍA, D. y MARTÍNEZ SASTRE, R. (2018): "Los insectos polinizadores en la agricultura: importancia y gestión de su biodiversidad", *Ecosistemas*, 27(2), pp. 34-41, en https://n9.cl/2ivvy.

MONTGOMERY, T. A. *et al.* (2020): "Is the insect apocalypse upon us? How to find out", *Biological Conservation*, 241, pp. 108327, en https://n9.cl/cidpp.

MORALES, B.; BAUTISTA, J. y VERGARA, C. (2020): "Pollinating insects of cherimoya (*Annona cherimola* Miller) in La Molina, Lima, Peru", *Peruvian Journal of Agronomy*, 4(1), pp. 10-16, en https://n9.cl/m900dx.

NORFOLK, O.; EICHHORN, M. P. y GILBERT, F. (2016): "Flowering ground vegetation benefits wild pollinators and fruit set of almond within arid smallholder orchards", *Insect Conservation and Diversity*, 9(3), pp. 236-243, en https://n9.cl/h9oq6.

Obeso, J. R. y Herrera, M. (2018): "Polinizadores y cambio climático", *Ecosistemas*, 27(2), pp. 52-59, en https://n9.cl/agn0bf.

Ollerton, J. (2017): *Pollinators and pollination: Nature's partners in flower reproduction*, Princeton University Press, Nueva Jersey.

— (2021): *Pollination: A global perspective*, Springer Nature, Berlín.

Peña-Kairath, C. *et al.* (2023): "Insect pollination in deep time", *Trends in Ecology & Evolution*, 38(4), pp. 345-358, en https://n9.cl/31gyzn.

Phillips, N. *et al.* (2020): Enhancing road verges to aid pollinator conservation: A review. *Biological Conservation, 250*, pp. 108687, en https://n9.cl/fei67.

Pluta, P. *et al.* (2024): "Organic farming and annual flower strips reduce parasite prevalence in honeybees and boost colony growth in agricultural landscapes", *Journal of Applied Ecology*, 61(9), pp. 2146-2156, en https://n9.cl/7nh7d.

Potts, S. G. *et al.* (2016): "Safeguarding pollinators and their values to human well-being", *Nature*, 540(7632), pp. 220-229, en https://n9.cl/9cse4.

Powney, G. D.; White, E. P. y Keil, P. J. (2019): "Widespread losses of pollinating insects in Britain", *Nature Communications*, 10(1), p. 1018, en https://n9.cl/t27z8.

Proesmans, W. *et al.* (2021): "Pathways for novel epidemiology: Plant-pollinator-pathogen networks and global change", *Trends in Ecology & Evolution*, 36(7), pp. 623-636, en https://n9.cl/t27z8.

Rafferty, N. E. y Cosma, C. T. (2024): Sustainable nature-based solutions require establishment and maintenance of keystone plant-pollinator interactions, *Journal of Ecology*, 112(9), pp. 2432-2441, en https://n9.cl/7p082.

Reilly, J. R. *et al.* (2020): "Crop production in the USA is frequently limited by a lack of pollinators", *Proceedings of the Royal Society B: Biological Sciences*, 87, pp. 20200922, en https://n9.cl/rhs51.

Sáez, A. *et al.* (2022): "Managed honeybees decrease pollination limitation in self-compatible but not in self-incompatible crops", *Proceedings of the Royal Society B: Biological Sciences, 289*(1978), pp. 20220086, en https://n9.cl/vdspr.

Sánchez-Bayo, F. y Wyckhuys, K. A. G. (2019): "Worldwide decline of the entomofauna: A review of its drivers", *Biological Conservation*, 232, pp. 8-27, en https://n9.cl/ex5iq.

Scheper, J. *et al.* (2013): "Environmental factors driving the effectiveness of European agri-environmental measures in mitigating pollinator loss – a meta-analysis", *Ecology Letters*, 16(7), pp. 912-920, en https://n9.cl/03u8a5.

SIVITER, H. *et al.* (2018): "Quantifying the impact of pesticides on learning and memory in bees", *Journal of Applied Ecology*, 55(6), pp. 2812-2821, en https://n9.cl/vsk8q.

SIVITER, H.; RICHMAN, S. K. y MUTH, F. (2021): "Field-realistic neonicotinoid exposure has sub-lethal effects on non-Apis bees: A meta-analysis", *Ecology Letters*, 24(12), pp. 2586-2597, en https://n9.cl/gxoeb.

SMITH, M. R. *et al.* (2016): "Global Expanded Nutrient Supply (GENuS) Model: A New Method for Estimating the Global Dietary Supply of Nutrients", *PloS One*, 11(1), p. e0146976, en https://n9.cl/3arhm.

STANLEY, D. A; MSWELI, S. M. y JOHNSON, S. D. (2020): "Native honeybees as flower visitors and pollinators in wild plant communities in a biodiversity hotspot", *Ecosphere*, 11(2), p. e02957, en https://n9.cl/yv6tvi.

STANLEY, D. A. y RAINE, N. E. (2016): Chronic exposure to a neonicotinoid pesticide alters the interactions between bumblebees and wild plants. *Functional Ecology, 30*(7), pp. 1132-1139, en https://n9.cl/ufung.

STOKSTAD, E. (2013): "Pesticides under fire for risks to pollinators", *Science*, 340(6133), pp. 674-676, en https://n9.cl/1rzgh.

STULIGROSS, C. y WILLIAMS, N. M. (2021): "Past insecticide exposure reduces bee reproduction and population growth rate", *Proceedings of the National Academy of Sciences of the United States of America (PNAS)*, 118(48), p. e2109904118, en https://n9.cl/6sa36.

TONG, Z.Y. *et al.* (2023): "New calculations indicate that 90% of flowering plant species are animal-pollinated", *National Science Review*, 10(10), en https://n9.cl/3c3p7.

TRAVESET, A. *et al.* (2016): "Global patterns of mainland and insular pollination networks", *Global Ecology and Biogeography*, 25, pp. 880-890, en https://n9.cl/98060.

TRAVIS, J. y KOHN, J. R. (2023): "Honey bees (*Apis mellifera*) decrease the fitness of plants they pollinate", *Proceedings of the Royal Society of London*, 68, pp. 129-151, en https://n9.cl/d2gy6.

VALIDO, A. *et al.* (2014): "Impacto de la introducción de la abeja doméstica (*Apis mellifera*, Apidae) en el Parque Nacional del Teide (Tenerife, Islas Canarias)", *Ecosistemas*, 23(3), pp. 58-66, en https://n9.cl/tpbgp.

WENZEL, A. *et al.* (2020): "How urbanization is driving pollinator diversity and pollination – A systematic review", *Biological Conservation, 241*, p. 108321, en https://n9.cl/bp57g.

WINFREE, R. *et al.* (2009): "A meta-analysis of bees' responses to anthropogenic disturbance", *Ecology*, 90(8), pp. 2068-2076, en https://n9.cl/5jf8q.

ZATTARA, E. E. y AIZEN, M. A. (2021): "Worldwide occurrence records suggest a global decline in bee species richness", *One Earth*, 4(1), pp. 114-123, en https://n9.cl/z25vb.

ZEUSS, D. *et al.* (2014): "Global warming favours light-coloured insects in Europe", *Nature Communications*, 5, p. 3874, en https://n9.cl/k5o7dd.

Títulos de la colección
¿Qué sabemos de?